生活因阅读而精彩

生活因阅读而精彩

北大清华10堂价值课

杨 翼⊙编著

中国華僑出版社

图书在版编目(CIP)数据

北大清华10堂价值课/杨翼编著.—北京:
中国华侨出版社,2012.6

ISBN 978-7-5113-2414-6

Ⅰ.①北… Ⅱ.①杨… Ⅲ.①人生观-青年读物
Ⅳ.①B821-49

中国版本图书馆CIP数据核字(2012)第097407号

北大清华10堂价值课

编　　著/杨　翼
责任编辑/严晓慧
责任校对/孙　丽
经　　销/新华书店
开　　本/787×1092毫米　1/16开　印张/18　字数/254千字
印　　刷/北京溢漾印刷有限公司
版　　次/2012年7月第1版　2012年7月第1次印刷
书　　号/ISBN 978-7-5113-2414-6
定　　价/32.00元

中国华侨出版社　北京市朝阳区静安里26号通成达大厦3层　邮编:100028
法律顾问:陈鹰律师事务所
编辑部:(010)64443056　64443979
发行部:(010)64443051　传真:(010)64439708
网址:www.oveaschin.com
E-mail:oveaschin@sina.com

前言

对无数学子来说，北大和清华就是他们心中的圣殿，梦中的金字塔。能以“北大人”、“清华人”自居更是一份自己骄傲、同龄人羡慕的荣耀。百余年来，中国这两所名校英才辈出，为民族复兴、国家强盛作出了不可替代的贡献。

人们不禁要问：为什么从北大、清华走出来的学子，成功的概率会那么高？

北京大学作为对中国近代史影响深远的大学，是一所极具精神魅力的学府，百余年来，这里成长着中国几代最优秀的学者，他们从这里眺望世界，走向未来，以坚毅的、顽强的，几乎是前仆后继的精神，在这片辽阔的国土上传播文明的种子。

北大的原校长许智宏说，真正的“大”学，学术之大，责任之大，精神之大，尽在其中。许多毕业多年的北大学生回想起来，都不约而同地提到，北大给学子们最宝贵的是“自由独立，兼容并蓄”的精神。他们在北大学会的不仅仅是单纯的知识，感受更多的是北大对一个人人格的熏陶，从这里走出的代代骄子，无不具备北大特有的精神气质。

而清华大学这座百年老校，也一直没有忘记自己的校训：“自强不息，厚德载物。”这个校训是受梁启超先生的影响。梁启超在清华作题为《君子》的演讲时，他引用《周易》里的话来勉励清华学子要做君子，要树立“完整人格”：“天行健，君子以自强不息；地势坤，君子以厚德载物。”先生所言，影响深远，“自强不息，厚德载物”后来即成为清华的校训。

“一部清华史，就是一部中国民族的自强史，就是一部爱国奉献的历史。”的确，清华，自它诞生起，就担负起民族兴旺、崛起的重大责任和使命。一百年来，清华为中国培养出了众多的学术大师、兴业之士、治国之才，为新中国的建设作出了杰出的贡献，为国家和民族奠造了宝贵的人文传统。清华也将这种自强的精神，沉淀在清华园的文化底蕴当中，让每一个清华人将这种精神传承下去。让他们带着这种精神去迎接人生的每一个考验。

本书根据北大和清华百余年来形成的优良传统和内在精神，综合提炼出了10个最有价值的核心理念，这些理念是成就北大、清华百年声誉的根本原因，也是造就无数英才的原动力。现在，身处伟大时代的我们，“科学发展，成才报国”更是我们需要具备的坚定理想和执著追求，不管我们是不是就读于北大、清华，也不管我们是学习、创业还是生活，都需要把这种精神融入进去。只要有一种憧憬未来的信念，并努力去奋斗，相信你一定会实现自己的理想和抱负。

目录

第3课 “自强不息,天道酬勤”的进取性格

总有人问:为什么从北大、清华走出的学子,总会带着不一样的气质?答案很简单:北大清华人无论对待什么,都充满了进取的精神。无论是早期的大家,还是如今正值当年的中青年学者,他们身上都具有“自强不息,天道酬勤”的性格。正是这份进取心,使北大清华无论何时,都能够为社会提供源源不断的栋梁之才。

第4课 “心存远志,追求卓越”的远大抱负

没有梦想的人生,注定是惨淡灰白的。看看北大清华吧,即便是普通小门卫,都渴望追求梦想,都愿意为了美好的明天而奋斗。也正是因为存在梦想,那些天之骄子把北大清华当作自己的目标之一。也许,已经走出校园的我们不能再进入北大清华去学习,但

只要抓紧追求与抱负，我们同样可以成就一番卓越人生！

第 5 课　“锲而不舍，金石可镂”的坚强意志

王选、孙宏斌、俞敏洪……从北大和清华的校园，走出了一个又一个影响中国发展的科学家与企业家。如今的他们尽管风光无限，然而他们曾经遭受的挫折，却是常人难以想象的。但从北大清华走出的他们，并没有被挫折所击溃，而是用坚强的意志成就了人生。“锲而不舍，金石可镂”，这正是北大清华给我们带来的最大启迪。

第6课 “求真务实，求是创新”的科学精神

什么是科学？科学就是未来的实现，科学就是脚踏实地，科学就是专注细节，科学就是求真务实，科学就是敢于创新。而这些，也正是北大清华精神的一种折射。我们要看清自己，我们要脚踏实地，我们要有一颗清晰的头脑，这样才能走出一条适合自己的路，才能成为一名不折不扣的北大清华人！

第7课 “忠诚守信，敢于担当”的处世原则

想要成为一个强者，就必须拥有“忠诚守信，敢于担当”的处世原则。看看蔡元培、王国维，这些北大清华历史上的知名学者，他们无论对待什么人、什么事，都能做到忠诚和勇于担当。正是这种态度，使后来的北大清华学子充满了让人佩服的处世原则。

第8课 “尊重欣赏，乐观友善”的团队精神

北大清华的繁荣，不是由一个人建立的，而是几十年来无数教授、学子共同努力的结果。互相尊重，互相欣赏，保持乐观友善的态度，这是北大清华永存的精神。那些走出北大清华校园的人，将这份精神进一步融入团队，从而造就了一个个充满凝聚力的团队。

第9课 “以寸草心，报三春晖”的孝顺义务

“慈母手中线，游子身上衣。”每个人都有双爱着自己的父母，他们为自己倾尽了毕生精力。所以，孝顺，是每个人都应做到的基本道德规范。看看朱自清的《背影》吧，那份对父亲的爱，感染了每一个人。我们要做一个强者，更要做一个懂得孝顺的强者。

第10课 “关爱自然，热心公益”的慈善理念

“一个优秀的年轻人，绝不是单纯地学习好。”北大清华的骄子们如是说。北大学生服务总队积极投身支教事业，人人争做一名优秀的志愿者……在他们的身上，高尚的道德品格正在闪光。想要成为如北大清华学子一样优秀的人才，我们就要拥有“关爱自然，热心公益”的慈善理念！

第1课

“天下兴亡，匹夫有责”的爱国使命

无论北大还是清华，它们都有一个共同属性：爱国。蔡元培、鲁迅、钱伟长、华罗庚……这些耳熟能详的教授，在中华民族遭遇危机之时毅然站了出来，用铮铮铁骨为年轻人做出了榜样。今天的我们，不必再遭受炮火的袭击，但爱国的情操是永远都不能忘记的。“振兴中华，扬我国威”，在我们的肩头，有一个沉甸甸的爱国使命。

激活体内的爱国基因

蔡元培，这是北大历史上一个永远不能忘记的名字。正是因为蔡元培先生从来没有中断过的爱国举动，让北大这座百年名校从建立以来，就戴上了爱国的光环。

1919年，第一次世界大战结束，各国准备签订《巴黎和约》，然而这份条约对中国并无好处。于是，北大学生决定在5月7日举行游行抗议活动。5月2日，国务总理钱能训向正在巴黎参加和谈的中国代表团拍发密电，命令代表在合约上签字。

这一消息，被国务院电报处的一名小职员知道了，于是他连夜向总统府外交委员会事务长林长民通报。随后，林长民当即向外交委员会委员长汪大燮汇报。

事实上，外交委员会已经在当天召开了紧急会议，决定拒签和约。汪大燮得知这个消息之后十分焦虑，5月3日凌晨，他便专程前往蔡元培家中，告知蔡元培这个消息。蔡元培极为震惊，他明白，政府是已经完全不能指望，现在，能够挽救国家命运的唯一希望便是爱国学生。

5月3日早上，蔡元培召开紧急会议，与罗家伦、傅斯年等部分学生代表商量对策。同时，他又以北京欧美同学会总干事的身份，与副总干事王宠惠、叶景莘联名致电中国使团首席代表陆征祥，劝他不要在合约上签字。

与此同时，其他各校的学生代表也召开了紧急会议，一致认为必须马上采取行动。5月3日晚上，北京大学召开全体学生大会，决定第二天举行示威。对于这次大会，蔡元培不仅没有阻止，还特地召集学生代表谈话，予以鼓励，并再三嘱咐，为了避免为政府干涉造成口实，在行动的时候一定要严守秩序。从凌晨到晚上，蔡元培都在为调动各方力量，为促成第二天的行动而竭尽全力地奔波，而他位于东堂子胡同的家更是人流如梭，一夜没有停歇。

1919年5月4日下午，数千学生在天安门前举行示威大会，并与不断加入的市民、工人、商人组成浩浩荡荡的队伍上街，著名的"五四运动"爆发了。当他接到政府要求停止的要求时，他说了这样一句话："学生爱国运动，我不忍制止。"

最后，队伍冲破军警阻拦，行至卖国贼曹汝祥的住地赵家楼的时候，放火烧掉了曹宅。一时之间场面无法控制，赶来弹压的大队军警逮捕了32名学生，其中有20人是北大的学生。学生被逮捕之后，蔡元培冒着危险多方营救，使被捕学生于5月7日全部获释。

这件事，让政府大为动怒，免去了蔡元培的职务。为保全学校，保护学生，蔡元培引咎辞职，毅然决定离开北大。知道蔡元培出走之后，北大及各校师生组织请愿、罢课，强烈要求蔡元培回任，并得到社会各界的广泛支持，一时间学潮汹涌，举行了影响力颇大的"挽蔡行动"。

1919年6月28日，巴黎和会上的中国代表拒绝在对德和约上签字；1919年9月12日，病后初愈的蔡元培再次回到北京；8天之后，北京大学三千余人在法科大礼堂召开欢迎蔡元培返校的大会，盛况前所未有。如此"校长救学生、学生留校长"的佳话，世所罕见。

蔡元培先生和北大学生的爱国行动，值得每一个中国人铭记。而作为新世纪接班人的我们，虽然在和平的环境中成长，不需要在战场上抛头颅、洒热血，但爱国的精神却不能丢。我们应该像蔡元培那样，时刻维护国家的利益，做一个具有爱国主义精神的青年。

爱国主义精神自古以来都是中国人应该具备的精神，做爱国主义青年，就要不畏惧挑战，有勇气迎接即将面临的一切困难。不论是清华教授朱自清的“不食美国救济粮”的决定，还是董存瑞舍身炸碉堡的牺牲精神，还是邱少云面对烈火焚身的无所畏惧，都是源于对祖国的热爱和忠诚。所以，当他们面对祖国危难的时候，将国家的荣誉和利益看得比一切都高，甚至高于他们的生命。这种为了国家的义不容辞，为了国家的无所畏惧，正是爱国主义的基本特征。

中国近代著名的建筑学家梁思成在回国之前，曾经环游欧洲，参观了希腊、意大利、法国、西班牙等地的著名古建筑。当他看到别的国家的古建筑受到保护，并且有专门的学者在研究，而国内的古建筑大多无人问津，并受到严重的破坏的时候，他的心被深深地刺痛了。

梁思成回国之后，在东北大学的邀请下，来到东北大学任教。在东北大学，梁思成创建了建筑系，他自己担任系主任和教授。1931年9月18日，震惊中外的“九·一八”事变爆发，东北很快沦陷。在动荡不安中梁思成一家迁到了北平。

回到北平的梁思成，参加了专门研究古建筑的营造学社，并且担任法式部主任，全身心地投入到中国古代建筑的研究中。随后的1937年，抗日战争全面爆发。日军占领北平之后，主办了“东亚共荣协会”，并邀请梁思成出席会议。

那个时候，日本的确非常强大，出席这样的会议就意味着将会得到更多学术上的支持，这对于任何一个科学家来说，都是不可多得的机会。然而，梁思成不忘国耻，誓死不与侵略者同流合污，随即举家搬走，经过长途跋涉，于1938年到达昆明。

1939年，梁思成再次搬家，来到四川省南溪县的李庄。国难当头的时候，国家科研经费就变得更加紧张了，营造学社的经费一度中断，所有人员的工资一概停发，梁思成一家的生活日渐拮据。当时，梁思成的妻子林徽因也患了严重的肺病，卧床不起，梁思成由于积劳成疾，患上了脊椎软组织硬化症，行动很不方便。

就在这个内外交困的时刻，梁思成接到美国好几个学校和机构的邀请，让他到美国一边教书，一边治病。然而，经过激烈的思想斗争，梁思成最终还是拒绝了这些邀请，他说："国难当头，我怎么可以擅自离开呢？"于是，梁思成在个人利益和国家利益之间，再次选择了后者。

就这样，梁思成拖着带病的身子，带着仅有的几位研究人员，在云南、四川等地继续坚持着古建筑的研究。他们不辞辛劳，辗转调查了40余个县，为当时的中央博物馆绘制了大量古建筑模型图。他的妻子林徽因也每天靠在被子上工作，书案上、病榻前堆积起数以千计的照片、草图、数据和文字记录。

在条件极端恶劣的情况下，梁思成和团队仍然出版了营造学社的社刊。没有印刷工具，他们只能采用手写和最原始的石印。在困境中，梁思成先生展现出的民族气节，激励着一代又一代的中华学子为民族而奋斗！

不管是北大还是清华，"爱国"都是它们从未丢弃过的精神。这样热血澎湃的爱国精神，也在近代中国史上留下了不朽的篇章。那么，作为一个爱国主义青年，我们究竟应该怎么做？

做爱国主义青年，就是要像秋瑾那样义不容辞。作为一位有才有貌的女留学生，她本可享受生活，成为众人钦慕的对象，然而，当她看到国家危难的时候，义不容辞撇下红装，选择了革命，像花木兰那样扛起保护国家的大旗。虽然黄花岗起义失败，秋瑾也英勇就义，但黄花岗起义成为了中国近代史上作用巨大的一次起义。什么是爱国？爱国不是一句口号，而是在国家危难时，面对生死抉择永不退缩。

做爱国主义青年，就是要像武文斌那样坚强。一位26岁的士兵，本应该是朝气蓬勃的花样年华，未来还有很长的一段路要走，还有许多的风景要看。但是，当地震的一声巨响让祖国的城市变成残垣断壁的时候，他为了多挽救一个生命，永远沉睡在了抗震的第一线上。他用绿色的迷彩撑起了生命的希望，用竖起的旗帜告诉我们要坚强，而他，却在流尽自己的汗水之后，到了另一个地方。什么是爱国？爱国就是当国家需要时，勇于向前，从不退让。

做爱国主义青年，就是要像神七航天员那样，坚持完成祖国交给的任务，拓展天疆，使中国的足迹从此在深邃的星空中闪耀。三位航天勇士明知试验有危险，也要坚决完成祖国交给的任务，不能辜负祖国的期望。

唯有如此，我们才能称得上是“爱国青年”！

弘扬中国文化，才是真的爱国

“到中国可以不看三大殿，不可不看辜鸿铭。”这是20世纪初，西方人曾流传的一句话。

辜鸿铭究竟是什么人？辜鸿铭，字汤生，生在南洋，学在西洋，婚在东洋，仕在北洋。精通英、法、德、拉丁、希腊、马来亚等9种语言，获13个博士学位，倒读英文报纸嘲笑英国人，说美国人没有文化，第一个将中国的《论语》、《中庸》用英文和德文翻译到西方的传奇人物。他曾凭三寸不烂之舌，向日本首相伊藤博文大讲孔学，与文学大师列夫·托尔斯泰书信来往，讨论世界文化和政坛局势，被印度圣雄甘地称为“最尊贵的中国人”。

而让辜鸿铭更加使人铭记的，则是他的爱国精神。有人曾说，在北京大学，辜鸿铭是爱国教授第一人！不过，辜鸿铭的爱国方式并非是上战场抗击敌人，而是用文化击败敌人。

1877年，辜鸿铭赴德国莱比锡大学等著名学府研究文学、哲学。当蔡元培去莱比锡大学求学时，辜鸿铭已是声名显赫的知名人物了。完成学业后，辜鸿铭听从当时在新加坡的语言大家马建忠的劝说，埋头研究中华文化，并回到祖国大陆，继续苦读中国典籍，并进入北京大学任教。

辜鸿铭因为博通西欧诸种语言、言辞敏捷，因此声名远播，很多欧美驻华人士都知道他。有一次,他在给祖先叩头的时候,有个外国人嘲笑他说:“这样做你的祖先就能吃到供桌上的饭菜了吗?”听到这样的话,辜鸿铭马上反唇相讥:“你们在先人墓地摆上鲜花,他们就能闻到花的香味了吗?”那个外国人当即语塞。

还有一次,英国作家毛姆来中国,想要拜见辜鸿铭。于是,毛姆的朋友就给辜写了一封信,请他来。可是等了好长时间也不见辜来。无可奈何之下,毛姆只好自己找到了辜鸿铭的小院。一见毛姆,辜鸿铭就不客气地说:“你的同胞以为,中国人不是苦力就是买办,只要一招手,我们非来不可。”虽然毛姆走南闯北见多识广,也被辜鸿铭的一句话弄得极为尴尬,不知所对。

辜鸿铭作为东方文化的捍卫者,他的声誉是极其显赫的。“我们为什么要学英文诗呢?那是因为要你们学好英文后,把我们中国人做人的道理,温柔敦厚的诗教,去晓谕那些四夷之邦。”这是辜鸿铭在北京大学讲课时对学生们公开说的一句话。的确,辜鸿铭无论走在哪里,都没有忘记父亲的叮嘱,没有忘记自己是一个中国人。

辜鸿铭的爱国,主要表现在弘扬中国的文化之上,虽然他学贯中西,但是他自始至终没有忘记过自己是一个中国人。正如列宁曾说的那样:“爱国主义就是千百年来固定下来的对自己祖国的一种最深厚的感情。”这种感情经常集中体现在为祖国、为人民全心全意、赴汤蹈火,即使粉身碎骨也在所不辞的崇高气节上。同时,也表现在人民群众日常生活中对国家政治、历史发展的关心和忧患的态度与朴素感情上。所以,弘扬中国文化也是一种爱国的方式。

“铁肩担道义,妙手著文章”,这是北京大学著名教授李大钊曾经说过的话,正是鼓励我们弘扬中国文化,用文化实现爱国的谆谆教导。那么,究竟什么才是中国的文化?

1.人本精神

中国的传统文化是儒家文化,它强调的人是指社会的人,社会性是人的主要内容。重视做人、以义为上、推己及人等处世做人的传统美德在儒家文化中时有出现。

儒家文化有一个重要的命题就是人与禽兽的区别，专门讨论人之所以为人的问题。它指出“禽兽有父子而无父子之亲，有牝牡而无男女之别”。人与禽兽的区别，在于有“义”。人“最为天下贵”，强调人之所以为人，在于人是一个有人伦、有道德、有感情的动物。

儒家提出的“正其谊不谋其利，明其道不计其功”、“己所不欲，勿施于人”、“己欲立而立人，己欲达而达人”、“老吾老，以及人之老；幼吾幼，以及人之幼”、“古之学者为己，今之学者为人”、“穷则独善其身，达则兼济天下”等处世做人的观念是我们民族道德精神的精华，今天仍有批判继承，赋予时代内容的价值和必要，对于新世纪的青年有重要的借鉴意义，所以我们必须传承。

2.华夏民族主义精神

自古以来，人们都把爱国精神和忧国与忧民联系在一起。历史上屈原的“上下求索虽九死其未悔”，诸葛亮的“鞠躬尽瘁、死而后已”，范仲淹的“先天下之忧而忧，后天下之乐而乐”，顾宪成的“风声、雨声、读书声，声声入耳；家事、国事、天下事，事事关心”等等，都是这种爱国精神的典型写照。

爱国主义有着不可割裂的继承性和历史延续性，到了近代这种忧国忧民思想的内涵愈来愈深刻，中华民族的民族精神也实现了伟大的升华。强调以民族、国家、家庭利益为主，正是这种精神培养了中华民族气质，从而给世界以觉醒、自尊、凝聚、奋斗的崭新形象。

3.刚健有为、自强不息的精神

《易经·大传》中说：“天行健，君子以自强不息”；“地势坤，君子以厚德载物”。“自强不息”和“厚德载物”两句话，凝练地道出了中华民族锐意进取的优良传统和创新精神。

4.和谐精神

中华文化更讲究一种和谐精神，认为社会是一个整体，由不同等级和处在不同关系中的人组成，而维持人与人之间和等级间关系的核心就是保持平衡，取得协调，追求和谐。强调天下大和谐局面的到来，在于普天下人修身律己。并且注重人与人、人与自然间的"修睦"、和谐统一，并不排斥自然，而是强调"天人合一"、"万物与我一体"。这种"和为贵"，求和谐于对立事物的政治伦理思想，是一种积极向上的精神。身为华夏传人，我们就应当将中华之精神发扬光大，弘扬中国文化，这样我们的国家才能越来越强大！

想要真的爱国，唯有用知识武装自己

1926年3月12日，日本军舰侵入中国内河，在大沽口遭到了中国驻军阻击。这个时候，英、美、日等八国却趁火打劫，借所谓“大沽口”事件，向中国政府发出最后通牒。

北京高校师生听到这个消息的时候，所有人都义愤填膺，于是云集了四五千人进行集会游行。面对北大师生的爱国行动，段祺瑞政府却下令开枪，一批请愿的学生倒在了执行政府的门前。

在这个队伍中，年轻的王淦昌也是一名积极分子。当他抬头看到女师大的同学倒成了一片，同班同学韦杰三被全副武装的军警打死之时，愤怒地问道：“作为一个爱国学生，今后该怎么办？一腔热血，该洒向何处？”

当晚，死里逃生的王淦昌和几个同学来到叶企孙老师家，他们向老师讲述了白天的天安门血案。当王淦昌讲道“我身边的同学倒下，血溅我的衣服”时，叶企孙老师激动地盯着他，严厉地问道：“谁叫你们去的？你们明白自己的使命吗？一个国家，一个民族，为什么会挨打？为什么落后？你们明白吗？如果我们的国家有大唐帝国那般的强盛，在这个世界上谁敢欺辱我们？一个国家与一个人一样，弱肉强食是亘古不变的法则。要想我们的国家不遭受外国人的凌辱，就只有靠科学！科学，只有科学，才能拯救我们的民族！”

说着说着,叶企孙老师泪流满面。

听完叶企孙老师的话,王淦昌的内心被深深地打动了。也正是因为叶老师的一番话,决定了他毕生的道路。从此,王淦昌暗下决心,自己一定要献身科学,走科学救国的道路!正是带着这份决心,王淦昌走上了科学救国的道路,并为我国的核武器发展立下了汗马功劳。

当我们看到侵略者的铁蹄践踏在中国的土地上之时,我们的心中是无尽的愤怒和悲悯。而在这背后,"落后就要挨打"的教训深深震撼着我们的心。除了在心中谴责他们的不道义行为,我们又能为祖国做些什么?我们是不是也有北大学生用血肉之躯维护祖国利益的无所畏惧?

是的,我们拥有青春,我们是祖国的未来,这是我们的骄傲,却不是我们值得炫耀的资本;我们拥有激情,拥有勇往直前的勇气,这是我们的自豪,却不是我们值得骄傲的王牌。面对日新月异的"知识爆炸"时代,看着昨日的科幻已变为现实,我们需要理性,需要冷静,需要承担一份沉甸甸的责任。我们要深刻地明白,只有用知识武装自己,才能让祖国真正地强大起来,这才是我们最大的底牌。

17世纪英国杰出哲学家培根也曾说过:"知识就是力量。"是的,知识是人类智慧的最高贵成果,是物质财富的源泉,人类文明的基本要素。路正长,心激昂;勤学习,成栋梁。我们将用知识去创造祖国的未来!

"我没别的要求,我希望国家强大起来,强大要力量,这力量就是知识。"不仅王淦昌先生,清华大学钱伟长先生也发出过这样的呼喊。事实上,钱伟长先生的一生,就是不断刻苦努力学习各种知识,用知识来爱国、强国的一生。

被誉为"中国力学之父"的钱伟长先生是中国杰出的科学家、教育家,他的求学生涯也颇为传奇。其实,钱伟长先生最初是一名文史满分的尖子生,在考上清华大学的第三天,他却做了一个让所有人跌破眼镜的抉择,那就是就弃文从理。为什么钱伟长要做出这样的选择?

原来，当钱伟长进入大学后，"九·一八"事变爆发。他想，只有"造飞机大炮"才能救国。当时只有19岁的钱先生，充满了"铁肩担道义"的责任感与使命感。

对于这样的决定，钱伟长先生无怨无悔。在之后的日子里，无论是战争的苦难，还是政治的厄运，始终没有压倒他。在钱先生那里，知识既是改变人生的力量，又是改变国家、社会的力量，是爱国、强国的力量。

钱伟长先生在自然科学方面的天赋和成就本身无疑是国际公认的大师级天才人物，是难得的百科全书式的科学家，这大大促进了中国科技的发展；而他的教育理念，同样对国家带来了巨大的贡献，让人肃然起敬。

钱先生在北大期间，拆掉学校和社会之间、校内各系科各专业各部门之间、教学与科研之间、教与学之间的思想的墙，对现代教育理念的变革具有极大的推动作用。近来广为注重的通识教育，其实是对钱先生教育理念的践行。正是这种对于知识的运用，才让华夏大地诞生出了无数优秀的科学家，为祖国的繁荣富强立下了汗马功劳。

钱先生用他的知识，自由豪放地驰骋在人类社会的大舞台上。让用自己的知识作为爱国和强国的力量，为人类的自然科学和社会科学作出了巨大贡献，同时，他用知识和成就，来引发做人、做事理念的变革，引发教育理念的变革，为我国造就出了更多像钱伟长式的"万能科学家"。

翻开中国近代史书，一部写满血与泪的近代史赫然摆在我们的面前。侵略者摇旗呐喊的声音依然在我们的记忆深处。当坚船利炮撞开天朝大门时，从此，一个多世纪的岁月里，五千年的文明与自豪成了屈辱的陪衬。而仅仅过去了一百多年，鸦片战争的硝烟才刚刚散去，知识经济的浪潮已在轰然撞击着中国的大门，而此时的我们，作为祖国的新一代捍卫者，这份重担理所应当地落在了我们的身上。

但是我们要知道，我们毕竟是幸运的，曾与我们同样拥有年轻与追求的无数先辈们，已为救国救民而长眠地下，他们的青春过早地凝固在血与火的洗礼之中。今天的我们不需要抛头颅洒热血的壮烈，但仍需要承担责任的勇气。作为新世纪的青年，面对数字化、智能机器人、基因工程，我们无权沉默！

祖国期待着我们的声音，更期待着我们的行动。我们没有理由不努力，不脚踏实地、不勇敢地承担起支撑共和国大厦的责任！我们坚信，未来就在我们身边，就在我们手中。当我们曾以祖国有四大发明而骄傲时，我们的祖国同样会为她的儿女，为她的现在而骄傲！

少年兴则国兴，少年强则国强。我们要适应时代发展的要求，正确认识祖国的历史和现实，增强爱国的情感和振兴祖国的责任感，树立民族自尊心与自信心，弘扬伟大的中华民族精神，高举爱国主义旗帜，锐意进取，自强不息，艰苦奋斗，顽强拼搏，真正把爱国之志变成报国之行。今天为振兴中华而勤奋学习，明天为创造祖国辉煌未来贡献自己的力量！将青春、激情、理性、责任，化作我们的双臂，让知识变成我们的原动力，去拥抱明天，挑战未来！

即使功成名就，也不能忘记“国家”二字

1919 年毕业于北京大学的俞平伯，毕业后顺利留在北京大学任教。俞平伯早年曾在大学开设“词课”，1934 年，上海开明书店出版了他的《读词偶得》。他的学术地位早已奠定，是中国近代史上杰出的学者，可谓功成名就。

然而，当看到国家有难时，俞平伯再也坐不住了。1931 年 9 月 18 日，俞平伯得知“九·一八”事变后，他满腔悲愤，积极投入抗日救亡运动。他曾先后奋笔抒写了《救国及其成为问题的条件》、《致国民政府并二中全会快邮代电》、《国难与娱乐》等文章，将自己的爱国之心诉诸笔端。

1932 年元旦，俞平伯在致《中学生》杂志的短笺中，号召青年们要相信自己的力量可以救中国，引起了很大的反响。后来，因为年迈的双亲无人照顾，俞平伯未能同清华大学一起南迁昆明，因此留在北平沦陷区。

但即便如此，俞平伯的心中，依旧没有忘记“爱国”二字。1938 年，周作人、钱稻荪等邀其为北京大学任教，他婉拒了，于是搬出清华园。蛰居在朝阳门内大街老君堂旧居的俞平伯，虽然整天以变卖旧物为生，生活极其贫苦，但依然秉承陶渊明“不为五斗米折腰”的风骨。这种宁肯过着清苦的生活，也不与日伪政权合作的态度，表现了中国知识分子高贵的民族气节，让人不得不肃然起敬。

1945年，中国获得了抗日战争的胜利。这时，俞平伯来到了北京大学任教授。这个时候，他加入了知识分子的进步团体“九三学社”，又加入了党的外围组织“中国民主革命同盟”。1947年，为了抗议北平当局宪警夜入民宅肆行搜捕事件，他和其他教授发表了著名的“十三教授《保障人权宣言》”。同年5月，因为支持青年学生反饥饿、反内战的运动，他与北大31名教授联合发出《北京大学教授宣言》和《告学生与政府书》。

1949年1月，人民解放军包围北平，在这期间，俞平伯与北京文化界民主人士及北大、北师大等校30名教授发表对全面和平的书面意见，一致拥护共产党，支持建立民主共和的国家。1949年5月4日，是“五四”运动30周年纪念日，俞平伯应《人民日报》之约，写了充满激情和希望的文章《回顾与前瞻》。

北平解放后，全国人民迎来了中国共产党的生日。那天晚上，俞平伯参加了纪念大会后回到家中，心潮起伏，连夜写了一首长诗为中国共产党的胜利而讴歌，这首名叫《7月1日红旗的雨》的诗在《人民日报》上发表。

俞平伯这种治学不忘爱国的高尚情操，赢得了全国人民的一片掌声，也值得我们学习和尊重。

爱国是中华民族的传统美德，它应该是已经融合在血液里的一种精神，是根植在我们心中的一种根深蒂固的信念，所以，不管我们是地位卑微，还是功成名就，我们都不会将爱国抛之脑后。就像俞平伯先生，即使是那么杰出的学者，处于那么尊崇的地位上，在民族危亡之际，他的选择依然是民族大义在先，个人利益在后，不和伪政权合作，展示了属于一个文人，一个爱国者特有的风骨。

在中国的历史上，特别是在近现代的历史上，当中国处于“落后就要挨打”的境遇，遭到帝国主义列强的疯狂侵略，出现了亡国灭种的危机时，学术界还有许多像俞伯平这样的人士，其中著名数学家华罗庚就是一个。

1930年，他被清华大学数学系聘为助理讲师；1933年，他被提升为助教；1935 年，他成为讲师。1936 年，他前往英国剑桥大学留学，并成为数学界一颗冉冉升起的新星。他把自己的一生奉献给了科学领域，奉献给了国家，他就是中国乃至世界首屈一指的数学家——华罗庚。

在剑桥大学两年的求学生涯中，华罗庚集中精力研究了堆垒素数论，还对华林问题、他利问题、奇数哥德巴赫问题发表了 18 篇论文，得出了著名的“华氏定理”。他的研究成果引起了国际数学界的注意。

在留学期间，还有这样的一个小插曲：当时华罗庚已经有了名气，所以声名显赫的数学家哈代对前来深造的华罗庚说：“你如果真有传说中那般神奇的话，在两年之内就可以获得博士学位。”

然而，华罗庚的回答却让哈代大吃一惊：“我来是求学问的，不是为了获得博士学位。”哈代不由对这个年轻人充满了敬意。

1937 年抗日战争爆发。得知抗日战争进行得非常艰苦，华罗庚毅然放弃了在英国深造的机会，满怀抗日救国的热忱回到了祖国。之后在西南联大任教授，年仅 28 岁。在极端困难的条件下，华罗庚完成了他的第一部数学专著《堆垒素数论》。

1946 年 2 月至 5 月，华罗庚应邀赴苏联访问。6 月，华罗庚来到上海，9 月和李政道、朱光亚等前往美国。到达美国后，华罗庚先在普林斯顿高等研究所担任研究员和访问教授，之后他又被伊利诺大学聘为终身教授。没过多久，华罗庚的妻子和儿女也来到了美国。

随着新中国的成立，华罗庚决心回国报效祖国。1950 年，他克服了来自美国政府的种种刁难，带着妻子儿女回到了祖国。到达香港之后，为了鼓励海外学子回来，华罗庚发表了一封致留美学生的公开信，在信中他这样写道：“……虽然数学没有国界，但数学家却有自己的祖国。”

回国后，华罗庚受到热烈欢迎，担任清华大学数学系主任。不久，他又被任命为中国科学院数学研究所所长。回国后的几年里，为了培养青少年学习数学的热情，他在北京发起组织了中学生数学竞赛活动，还写了一系列数学通俗读物，在青少年中影响极大。

“活着不是为了个人，而是为了祖国！”这是华罗庚先生的一句名言。直到去世前，华罗庚先生依旧为了中国的事业努力奋斗，正可谓“鞠躬尽瘁死而后已”。

“虽然数学没有国界，但数学家却有自己的祖国。”这是多么掷地有声的一句话！不管身在何方，不管国外的环境多么优越，不管回国的旅程有着重重艰难险阻，华罗庚作为一个数学家，更是一个中国人，所以，没有什么能阻挡他回国的决心。最终他回到了祖国的怀抱，并为祖国的事业鞠躬尽瘁。这样真挚的爱国情怀，是深沉而厚重的。

正是因为有了像俞平伯、华罗庚这样的爱国学者，中国的未来才有了朝气蓬勃的接班人。他们虽然没有像英勇抗击匈奴的卫青、精忠报国的岳飞那样戎马一生，也没有像谭嗣同、秋瑾那样用自己的鲜血唤起中华民族的觉醒，但是，每一个领域有每一个人的爱国方式，他们能放弃安乐，能和祖国共患难，能把自己的功名抛在一边，只为中华民族的富强而不懈奋斗，这就是爱国精神。

其实，中华儿女的爱国精神是从古至今延续下来的，回顾一下我国的历史，就可以清楚地看到，爱国主义这面旗帜既唤起、聚集和引导了一批前赴后继、以死明志的民族英雄，又使一代又一代的人民在爱国主义旗帜下团结进取，奋发图强。他们前赴后继地奉献着自己的青春热血，才让我们这个饱经忧患的民族，在沉沉浮浮的历史长河中不致湮没，才有了今天这个让人不容小觑的、繁荣富强的新中国。

唯有理性，才能真的爱国

2008年北京奥运会开幕之前，部分西方媒体因为种种原因，采用不明智不公正的做法诋毁奥运会，这种行为激起广大学生的义愤。一时间，无论现实中还是网络上，都出现了一些较为极端的行为。

对于此，北大、清华两所学校共同举办了一场讨论，讨论的主题就是："唯有理性，才能真的爱国。"

清华大学材料系的博士生周钦首先发言道："新中国成立，使我们成为政治大国；30年改革开放，使我们成为经济大国；而未来，我们还应该向文化大国迈进。我们所要做的，不是情绪化的宣泄，而是要让更多的人听到我们中国的声音，了解我们对于和谐世界的发展理念，打消他们对中国发展的担心和疑虑。"

这一席话，代表了很多同学的心声。北京大学国际关系专业大四学生姬晴晴说："在全球化过程中，中国已深度融入世界，世界也融进中国，双方相互依存，谁也离不开谁。盲目地爱国，这反而并不利于中国的发展。大学生应当更多地体现出当代大学生的水准，把学到的文化知识用于祖国建设，这样，那些不和谐的声音就会烟消云散。"

理智爱国，这是北大清华共同给我们上的一堂课。每一位年轻人，都有一份拳拳爱国之心，愿意为祖国抛头颅、洒热血。但是，这份爱国的情操，一定要充满理性。要明白，真正的爱国，不是如何去显示我们的强硬，如何去宣泄，而是用合理的手段，让那些诋毁我们的声音自动消失。

那么，究竟什么才是理智爱国？

1.用实际行动为国家发展作贡献

爱国不仅是一种感性的情感，更是一种理性的认识。感性与理性是不冲突的，以“兴国”、“强国”为目标和口号，激励自我用实际行动来推动国家和民族前进的步伐，这才是爱国的体现。

同时，爱国还需要我们拥有一个大局观。我们应该用开放积极的心态迎接全球化到来的挑战，以卓越的眼光和智慧将这种不可逆转的浪潮转化为难得的发展机遇，加强与外界的交流和合作，形成全球化的“双赢”、“共赢”局面。唯有如此，那些诋毁才会越来越少。

2.在法律的范围内表达爱国情怀

在法律允许的范围内表达爱国情感，才能维护民族尊严，才能维护社会稳定，才能维护国家利益。所以，即便我们的内心有多么高涨的爱国情绪，也要将行为控制在法律允许的范围之内。过激的行为，不仅不是爱国，反而会给祖国带来负面的影响。

因此，我们就必须深刻理解“稳定压倒一切”和“发展是硬道理”的含义，把强烈的爱国热情进一步转换成为社会要稳定、国家要发展、民族要振兴的共同心声；进一步转换成为励精图治、增强国力的坚强意志；进一步转换成为抓住机遇、加快发展的具体行动，自觉把爱国情感同祖国的前途命运紧密联系。

3.让中国富强，这才是理智爱国

唯有祖国强盛，别人才会无话可说。对于这一点，清华大学电子系一位教授的话语，对年轻人是非常有帮助的：“中国正处于发展的战略机遇期，中华民族的伟大复兴绝不可能是一帆风顺的，对此，我们要理性地面对。一百多年间，中华民族经历过屈辱、欺凌，在不屈的抗争与奋进中走向强大并赢得了尊重。而用实力去反击别人的诋毁，这才是理智的行为。”

詹天佑的名字我们并不陌生，他不仅是一位杰出的工程师，更是一位伟大的爱国者。在那个年代，他深知爱国不仅需要满腔热血，更需要高超的科学技术，这才能让国家繁荣昌盛。于是，他在国内一无资本、二无技术、三无人才的艰难局面面前，满怀爱国热情，受命修建京张铁路。他以忘我的吃苦精神，走遍了北京至张家口之间的山山岭岭，只用了500万元、4年时间就修成了外国人计划需资900万元、需时7年才能修完的京张铁路。

当前来参观的外国专家看到这个杰作时，不由大为惊奇，不仅对詹天佑，更对整个中华民族肃然起敬。当时，美国有所大学为表彰詹天佑的成就，决定授予他工科博士学位，并请他参加仪式。可是，詹天佑正担负着另一条铁路的设计任务，因而毅然谢绝了邀请。

正是这种为国家不为个人功名的精神，詹天佑赢得了国内外的称赞，更为中国赢得了全世界的尊重。

什么才是爱国?詹天佑为我们做出了表率。所以，无论我们是在读书还是已经走进社会，做好本职工作，努力提升自己的实力，为中国的发展作出贡献，这才是爱国的最佳体现!

作为新时代的年轻人，我们必须懂得这些道理。积极投身于社会实践，深入实际，从广阔的社会实践舞台中提升自己的实力，在了解社会的基础上提出真知灼见，用吃苦耐劳的精神为未来的困难做好准备，这个时候，我们才配得上“爱国”二字!

第2课

“兼容并蓄，海纳百川”的非凡气度

说起北大清华，首先映入脑海的，就是那一个个气度非凡的教授和学子。无论北京大学校长马寅初先生，还是清华大学吴宓教授，都让人无比钦佩。他们的大家之风，他们的非凡气度，给北大清华带来了一种庄重且开放的气质。“兼容并蓄，海纳百川”，这八个字正是北大清华人的气度展现。

强势的性格助成功，谦虚的态度显气度

马寅初是新中国成立之后北大的第一任校长，他是一个强势与谦虚并存的人。在过去，大学校长的社会地位极高，颇有威望，而北大校长更是如此。新中国建立之后，北大校长的遴选极慎重。当时的马寅初其政治地位是相当显赫的。

然而，还是有反对的声音传了过来：当时有些名教授还是觉得马寅初学问不够，搞政治活动太多。

听到这些反对的声音，马寅初强势的性格就表露出来了。他毫不客气地摆起老资格："五四时期我就是北大的教务长，现在还不能当校长？"一句话把大伙镇住了。

事实证明，马寅初先生的确有资格当北大的校长。然而在骨子里，他却是一个很谦虚的人。马校长年过70时，所有人都称其为马老，但他讲起话来却自称兄弟，这是沿袭下来的一句谦词。当时的他体格健壮，精神抖擞，异常活跃。平易近人的他在校园见到学生既能招呼攀谈，也常在全校大会上作报告，兴之所至，无所不谈。

身体健硕的马寅初先生甚至还积极向学生介绍健体经验，例如淋浴、爬山之类的。这些经验他不止介绍一次，所以他的很多学生到老都记得。

精神矍铄的马老对于自己的养生方法极为推崇，于是想要把这经验发表在学报上。而主编翦伯赞以为北大学报是要同世界著名大学交流的，这介绍经验的文章学术性不够。面对伯赞先生的顶撞，马老虽然有点悻悻然，但并没有强加于人，这充分显示了他的前辈风范和谦和的风度。

作为中国最高学府北大的校长，马寅初的强势让他成为了一个好的管理者；而他的谦和，也让他成为众人心中和蔼的尊长。可以说，不管是工作中还是生活中，马寅初都算是当之无愧的成功者。

然而，现在很多年轻人却有这样一种心态：“在工作中，我要保持强势，这样才能压制住手下人。”没错，性格过于软弱的人一般来说是不适合做一个管理者的，因为他根本就压制不住下属，更别谈树立什么威信了。

美国的一项最新研究发现，性格强势的男性在收入方面要高过那些天性平和的男性，其年收入差距平均达 8500 美元。这项研究说明，性格强势的人在生活中，在社会竞争中是占绝对优势的。原因很简单：性格强势的人做事高调，决不允许自己半途而废，他们通过强势的个性和作风，不达目的决不放弃，所以，他们更有获得成功的决心和毅力。当他们不断地取得一个又一个的成功之时，也为自己树立了权威，为取得更大的成功奠定了坚实的基石。这样，无论身处什么样的环境，他们都会把自己的事业经营得风生水起，把生活过得有声有色，即使出现错误，也会因为强势的性格予以弥补。

但是，性格上的强势并不意味着“趾高气扬”，不能接受别人的任何意见。相反，在实际生活中，那些成功的人，虽然性格有强势的一面，但对人对事也有谦卑的态度，因为谦卑的态度是个人修养的最佳名片，它可以帮你广结人缘，使你无论在工作还是生活中都能顺风顺水，让你取得更高的成就。

著名京剧艺术家梅兰芳，不仅在京剧艺术领域取得了很高的成就，而且还精通绘画艺术。他虚心向名画家齐白石求教，并拜其为师。在齐白石先生面前总是执弟子之礼，经常为白石老人磨墨铺纸，从不因自己是名家而骄傲自负。

有一次,有人宴请社会各界名流,梅兰芳和齐白石也在宴请之列。那天,齐白石先到,穿着寒酸布衣布鞋的齐白石,在那些身着西装革履、长袍马褂的社会名流中显得那么的不起眼,因此备受冷落。

不久,梅兰芳也到了,主人高兴相迎,其余宾客也都蜂拥而上同他握手。知道齐白石也来赴宴的梅兰芳一边和众人打招呼,一边却四下环顾,寻找老师。忽然,他看到了坐在一旁的白石老人,赶紧挤出人群,来到齐白石的面前,然后恭恭敬敬地叫了白石老人一声“老师”,向老人致意问安。

看到梅兰芳如此恭敬地对待齐白石,众人才知道这个不惹眼的老人就是名画家齐白石老先生,于是纷纷过来问好。这件事让齐白石深受感动,几天后特向梅兰芳馈赠《雪中送炭图》并题诗一首:

记得前朝享太平,布衣尊贵动公卿。

如今沦落长安市,幸有梅郎识姓名。

“三人行,必有我师焉”,这在梅兰芳身上体现得淋漓尽致。他拜的老师不仅有名家齐白石,还有许多普通人,只要能给他意见,让他有所提升的人,在他的眼中都是自己的老师。

有一次,梅兰芳在演出京剧《杀惜》时,众人纷纷叫好,然而在众多喝彩叫好声中,他却听到一个老人说“不好”。演出结束后,梅兰芳来不及卸装更衣就用专车把这位老人接到家中。他谦逊地对老人说:“说我不好的人,是我的老师。先生说我不好,必有高见,定请赐教,学生决心亡羊补牢。”老人也不推辞,直言道:“按梨园的规定,阎惜姣上楼和下楼的台步应是上七下八,博士为何八上八下?”梅兰芳听了老人的话才知道原来是自己出错了,连声称谢。

从那以后,梅兰芳经常邀请这位老先生观看他演戏,请他指正,称他“老师”。这就是大家的风范,既有气度,又能做到谦逊待人,也因为如此,梅兰芳才成为一个让人景仰的京剧大家。

梅兰芳是万千大众心目中的偶像,是当之无愧的艺术大师,但是,他却不骄傲自满，目中无人，永远用谦卑的态度对待周围的人和事，让自己的人际关系更广，艺术修为更高，路也越走越宽。

在公众场合，所有人都希望自己成为一个瞩目耀眼的人，如果能适当地表现出自己的才华、特点、能力，就很容易赢得机会。一个性格强势的人，作风也比较高调，更喜欢表现自我，所以他也就更容易获得成功。当然，强势与高调的做人风格可能并不被多数人接受，一旦路出锋芒，就容易变成众矢之的。

一个人在社会上行走，离不开良好的人际关系。因此，我们在待人处世方面就要格外注意，一定要在表现自我的时候照顾到大家的情绪，不能太过锋芒毕露。拥有谦虚的品格气度会让你赢得众人的爱戴，帮你积累人际关系，所以，年轻的我们，要学会做一个性格强势的谦卑者，这样才能在人生的道路上走得更远。如果一味自满、骄傲，除了显出自己的无知和狂妄外，实在对人生没有什么裨益。

总而言之，我们要时刻记住：一个取得卓越成就的人，既要性格强势，还要有谦卑的态度，两者缺一不可。

毕业了，别拿学历说事

在某个学习交流会上，一个北大人给大家讲了这样一件事：

这件事发生在美国东部的一所大学。那是期终考试的最后一天，一群工程学高年级的学生在教学楼台阶上挤成一团，有的讨论着几分钟后就要开始的考试，还有的人在谈论他们现在已经找到的工作，或者是他们将会得到的工作。这是他们参加毕业典礼和工作之前的最后一次测验了，他们的脸上充满了自信，准备在今天之后，去社会上好好大展拳脚。

考试很快开始了，教授把试卷分发下去，试卷上只有五道评论类型的问题，所有的人脸上都露出即将胜利的笑容，他们将交上一份完美的答卷，然后顺利地毕业。3个小时后考试结束了，教授开始收试卷。

然而此时的那些考生，脸上却没有任何自信的表情。教授收完所有的试卷，面对着所有的考生。然后问道："完成五道题目的有多少人？"结果没有一只手举起来。

教授看着一个个有些木讷的学子，继续问道："完成四道题的有多少？"仍然没有人举手。"有完成三道题的吗？"教室里依然鸦雀无声。

"两道题？"

学生们开始有些不安，在座位上扭来扭去。

"那么一道题呢？"

整个教室里，依旧是一片沉默。正当所有的人都认为教授会很失望的时候，教授却出其不意地说了这样一番话："没有人能出色地完成试题，这正是我期望得到的结果。我只想让你们知道，即使你们已经拿到了学历，但仍然有很多的东西你们还不知道。这些你们不能回答的问题是与每天的普通生活实践相联系的，这不是书本上能学到的，也不是学校能教给你们的，这些问题需要你们在以后的学习和生活中自己去解答。"

看到学生们一个个惊讶的表情，教授继续说道："希望你们通过这个课程，给自己留下一个深刻的印象，让自己记住即使你们已经获得了很高的学历，但是，你们的学习仍然还只是刚刚开始。"

生活中，我们好多人就像那位教授的学生一样，自认为自己学到了很多知识，自以为高学历足以征服世界。其实，学海无涯，知识是永无止境的，即使你在学校接受了最好的教育，学到了最专业的知识，但是生活中的很多难题是需要在实践中去解决的。正如教授说的那样，毕业了，一切才刚刚开始，我们要更加努力地去学习，有的事情要经历过了才能成长起来。

一个人的学历有多高，有时候并不是和能力成正比的。曾经在网上看到过这样一段精辟的话："学历就像火车票，名牌大学是软卧，一流大学是硬卧，二流大学是硬座，三流大学是站票，到站了所有人都下车找工作，这个时候，老板只看你能干什么，并不问你是怎么来的。"虽然这样的说法有点片面，但是综观现在的人才趋势，你会发现社会更青睐能力高的人。

所以，我们不要认为自己是高学历就可以扬扬得意。那样，别人只会把你看作是一个"画枕头"——看起来好看，但又有什么用处？一旦给别人留下这样的印象，那么无论你到哪里都将寸步难行。

再看下面一组数据吧。看完之后，也许你会更加将那份扬扬得意收起来。

据相关数据统计，2007 届大学毕业生半年后的就业率为 87.5%，2008 届大学毕业生半年后的就业率约为 85.6%，2009 届大学毕业生半年后的就业率约为86.6%，相对于2008届来说2009届高出1个百分点，但仍比2007届低0.9个百分点。值得注意的是，现在的社会趋势是高职高专生毕业半年后的就业率与本科差距缩小，全国示范性高职就业率甚至高于普通本科院校。

另一方面，从薪资来看，2009届“211”院校毕业生半年后月薪为2756元、非“211”本科院校毕业生半年后月薪为2241元，虽然比2008届有明显的增长，但仍然没有超过2007届毕业生。与此形成对比的是，高职高专生毕业半年后月薪虽然是1890元，但其增幅最大，和2007届相比也有显著提高。

造成这种差距的根本原因就在于很多刚毕业的高学历大学生都不由自主地有种优越感，觉得自己通过名校的熏陶，是受过十几年教育的高素质人才，这种“心理错位”，常常使他们把自己放在比别人高得多的位置上。然而，心高气傲的他们殊不知自己的能力与实际要求相去甚远，不仅谈不上“睥睨众生”，甚至离社会需要的人才还差很大距离。而相对于学历低点的专科生来说，他们深知自己跟别人的差距，懂得工作的来之不易，不但薪资要求没有那么高，还会更加珍惜这个机会，踏踏实实地工作，用勤奋努力来弥补学历上的差距。这种心态弥补了大学生和专科生的学历差距——同样的水平，不同的薪水标准，更加认真的工作态度，如果你是招聘者你会选择谁呢？

王先生是某跨国企业中国公司人力资源总监，他曾透露他们公司在招聘人才的时候的评判标准，据他介绍，他们在招聘人才时会根据不同岗位的要求，对专业和学历有一定的倾向性。比如，公司的全球研发中心由于工作性质，通常要求应聘者至少有硕士以上的学历。不过，一般来说，机会对于每个人都是均等的，学历、学校和工作经验都是证明应聘者能力的一种方式，但并不会为面试加分。一个人是否应聘成功，最终取决于应聘者的经验、能力和技能是否适合自己应聘的职位，公司更看重的是一个人的能力是否能胜任现在的岗位。

无独有偶，世界上很多知名企业对于应聘者学历的问题，都有一致的看法。

英特尔中国软件实验室总经理王博士说：“在英特尔公司里，学历只在一个人进公司的那段时间发挥一定作用，但考虑员工晋升时，从来就不把学历当做一个重要因素。这之后的发展，完全取决于自己的努力。有的高学历的人可能不用功，那么他的工资待遇就会降下来，而一些学历不是很高的人却经过自己的努力，取得了优异的成绩，那么他就会得到更快的晋升。”

所以说，学历只代表了我们受教育的程度，并不能代表我们的素质，毕业求职以前，要摒弃“学历至上”的观念和心态，抱着务实的态度，积累经验、提高素养。重新学习就是个再积累、再提高的过程，只要我们具有“踏实、努力、谦虚、耐心”这些最基本、也是最受欢迎的素质，不论是大学生还是专科生，一样可以笑傲职场。

批评没那么难听

中国的知名学者陈独秀与沈尹默，曾经都在北大任教过，在他们的身上曾发生过这么一件很有趣的事情。

陈独秀还在杭州陆军小学任教员时，过着隐居式的生活。有一天，他到同是该校教员的刘季平家做客，看见墙上新挂了一首五言古诗，这幅字的落款是“沈尹默”。于是，陈独秀问道：“沈尹默是什么人?”

这时候，刘季平回答道：“沈尹默曾经留学日本，现在也是本校的教员。”

陈独秀微微一笑，说：“这诗写得非常不错，但是这字流利有余，深厚不足，实在不怎么样。”

刘季平一听，急忙说道：“沈尹默从小就爱书法，15岁便为人写扇面，但底气不足。这是昨天他在我这儿喝酒，回家乘着酒兴写的。你如果对他有兴趣，哪天我带他去你处坐坐?”

陈独秀说：“不必，还是我去看看他吧。”

第二天，陈独秀来到了沈尹默的家里。刚进沈尹默的家门，他就说：“我叫陈仲甫，昨天在刘季平家看到你写的诗，诗做得很好，字则其俗在骨。”

陈独秀的话，让沈尹默感到有些刺耳，在心里说道：“天下还有这样的人，素不相识，见面便把人贬一通。”不过，他转而又想到，“我的字确实平常得很。"

沈尹默招呼陈独秀坐下，两人开始攀谈起来。沈尹默说："前日，我和哥哥沈士远应邀去刘季平家喝酒，从中午一直喝到晚上九时，最后乘着酒兴写了那幅字，让你见笑了。"

听了沈尹默的话，陈独秀赶紧摆了摆手说道："我这个人是快人快语，你别介意啊！"

"我的字受了南京仇涞之老先生的影响，用长锋羊毫，至今不能提腕，所以写不好，我的父亲是练隶书的，从小叫我临摹碑帖，少习馆阁体。"沈尹默见陈独秀超逸不俗、谈笑自若，于是情绪受了感染，谦虚地说出自己的不足。

陈独秀原以为沈尹默听不了自己的批评。他的这个态度，让陈独秀大为赏识，于是乘兴与他谈起了书法。他以专家的眼力对沈尹默的字指出了尖锐批评，令沈尹默倏然警醒，对于自身有了新的认识。

从那以后，沈尹默更加勤奋地练习书法，先临写汉碑，再专心临写六朝碑板，兼临晋唐两宋元明名家精品，前后几十年挥毫不辍，直至写出的字俗气脱尽，气骨挺立，才开始学写行书。后沈尹默受蔡元培委托，主持了北京大学的书法研究会，其在书法上的成就可见一斑。

面对陈独秀的批评，沈尹默并没有感觉到这是陈独秀对自己的羞辱，而是谦虚受教，这样的大度最终让他能写出一手脱俗的毛笔字，并得到蔡元培的赏识。这就是北大人宽容大度的胸怀，也是一个成大事的人必须具有的胸襟。

然而，现实生活中，很少人能够做到像沈尹默一样大度。在我们的身边，常常听到一些人愤慨地说："他算什么？凭什么批评我的不是？"的确，被别人批评是一件很丢脸的事，然而，批评真的就那么难听吗？其实，有的缺点是自己看不到的，即使一个人并没有你的成就大，但是，有时候他的批评照样有他的道理。如果你能做到正视批评，用谦虚的态度接受批评，努力改进，那么，你将会使自己更上一层楼。

在我们的奋斗历程中，不可避免地会犯这样那样的错误，所以遭受到他人的批评也就在所难免了。作为一个有胸襟、有气度、积极上进的人，我们不仅要从善如流，正确认识批评，更要虚怀若谷、善于接受批评。我们要从批评中找到有价值的东西，还要提高自己的心理承受能力，在批评中成长自己，进而取得更大的进步。如果我们总是刚愎自用，听不进别人的任何不同的意见，那么你的路将会越走越窄，最终致使自己无路可走！

金宏是个能力很强的人，工作也很勤奋，是一个很不错的员工，一直受到上司的赏识。但是，金宏却有一个很大的缺点——太过自大，不喜欢与人合作，工作的时候也不喜欢采纳别人的意见，换句话说，就是没有团队精神。对于金宏来说，他觉得自己在工作上的能力已经很强了，不需要别人的配合。

虽然金宏一直很努力，但是他取得的成就却很少。更让他困惑的是，他觉得自己平常对待同事很随和，但他在公司的人际关系并不好，同事们和他之间似乎有些芥蒂。

当金宏的业绩已经连续几个月都很低下的时候，考核主管找到金宏。“你和其他同事同在一个团队里，为什么你总是不信任你的同事，无法与他们合作？年轻人，不要把自己想得太优秀！”考核主管生气地对金宏说道。

听到主管的批评，金宏并没有觉得自己有什么错，反而心高气傲地回答道：“我想与他们合作，但是坦白地说，我认为他们都是白痴！跟他们合作既浪费时间又没有效果。”

看到金宏的态度，考核主管非常生气地问道：“你认为你真的就那么优秀吗？你认为别人真的就没你聪明吗？我真不知道你的这些自信是从什么地方来的！”

金宏并没有意识到自己有什么错，非常自负地回答：“我想这个问题的答案是肯定的！我的能力大家是有目共睹的。”

“我想你并不比别人聪明，如果你认为别人是白痴，那么你是不是还不如一个白痴？”金宏的态度彻底激怒了考核主管，考核主管将半年以来他们部门的业绩扔在金宏的面前说道。

看完那张业绩表，金宏发现自己的业绩不但不是名列前茅，反而是公司里最糟的，他简直不敢相信自己的眼睛。握着可以说明一切的业绩表，金宏的脸涨得通红，刚才的气焰烟消云散。

金宏的问题不仅仅是缺乏协作精神的问题，更在于他是一个受不了批评的人。这样的人，自然不能取得好的成就了。因此，在工作中，我们不但要培养自己的团队协作精神，还要努力培养自己“接受批评的情商”。

不管一个人自我感觉是多么优秀，都应当学会接受批评，都应该知道自身还需要有所提升。当我们由于自身的缺点而被别人批评时，我们就要直面自己的缺点，并及时改正，乐于接受别人给予的批评。虽然这些做起来很难，但是只要你去做了，就会发现接受别人的批评会让你有很大的收获。有了这种正视批评的情商，你才会变成一个善于合作的人，才能给自己营造良好的人缘，建立良好人际关系网，能力也会在这个过程中得到提高。

所以，对于批评，更多的时候我们应怀着一颗感恩的心去对待它。

实际上，批评在另一方面也是对一个人关爱的表现，我们不会平白无故地去批评一个路人——一个和自己没有任何关联的人。所以，当我们受到别人的批评时，要想到这是别人对自己的帮助与呵护，它能使人防微杜渐、头脑清醒，不致酿成更大的错误。多从自身找找原因，即使有时候自己真的没有做错，也要学会换位思考，体现出容人的雅量，这样别人才会更加喜爱你，更加愿意在你前进的道路上给予你帮助和指点，让你的人生之路越走越宽。

舍弃虚荣，打造非凡气度

季羡林先生曾经是北京大学的副校长，虽然他才高八斗，学富五车，可谓博通古今，是我国的著名学者，但是季慕林先生却从不自恃有才而骄傲自满，反而将这些虚名看得非常平淡，也许这就是他的人格魅力所在。

在北大，有这样一则小故事，充分显示了季羡林先生不虚荣的处世风格：

故事的主角是一个来自外地的北大新生。他是一个农村的孩子，那一年他以优异的成绩考上了北大。9月，新学期开始了，大批学子从天南地北赶到北大，他也带着对北大的新奇来报道了。那天，他拿着大包小包的行李，吃力地在学校里走着，不一会儿就累得气喘吁吁了，于是他一边抱怨学校太大了，一边把行李放在路边稍作休息。

休息的时候，他看着身边大包小包的东西就发愁了，背着这么多东西实在是不方便报名呀。为了不耽误报到，他就想找一个人来帮自己看着，这样自己就可以轻装简行地去报名。于是，他便在校园里寻觅能帮助自己的人，但是，看了半天，他发现过来的不是学生就是学生的家长。人们都行色匆匆地为报到的事情而忙碌，谁还有那个闲工夫帮他看行李呢？

正在他准备放弃找人帮忙的时候，迎面却走来了一位老大爷。这位老大爷走路比较慢，看起来比较悠闲，不像是要赶路的样子。于是，他抱着试试看的想法去拜托这位老大爷帮自己看一下行李。没想到，事情比他想象的要顺利得多，那位老大爷听了他的请求后，非常爽快地答应了，这让他欣喜异常。他说了一大堆感激的话之后就去办理入学手续了。那天报名的北大新生非常多，当他赶到报名处的时候，前面已经排了很长的队伍，他花了两个小时才办完了入学手续。

一切办妥之后，他急忙回到了放行李的地方。令他非常感动的是，自己离开了两个多小时，那位老大爷依然尽职尽责地帮自己看着行李。耽误了别人这么长时间，他既歉疚又感激。面对他的感激之情，老大爷只是淡淡一笑，说了句"没什么"就笑着走了。

让他意想不到的是，在第二天开学典礼上，他又遇见了那个老大爷。更意想不到的是：昨天那个帮自己看包的老大爷就是北大的副校长——季羡林教授。

从他知道那个平易近人的老大爷就是季羡林的那一刻起，他就将季慕林先生当成了自己一生的偶像。其实，不仅是他，任何看过这个故事的人都会对季羡林先生肃然起敬的，为他这种不显山不露水，低调的气度而折服。

季羡林的人格魅力让所有的人钦佩不已，试想，面对这位学子的请求，如果季羡林先生面前摆出一副"副校长"的姿态，他是有威仪和面子，但在那个急于寻求帮助的农村学子的眼里，他的形象又会是什么样子呢?正是因为季羡林先生懂得舍弃虚荣，他才能够桃李满天下，才能够赢得那么多人的尊重。

其实，季羡林先生本身就是一个看淡虚名的人，他一生都非常反感类似于"学术泰斗""学贯中西"之类的称号，总认为自己是一个很平凡的人。他曾经说过这样一句话："人的一切要合乎科学规律，顺其自然，最主要的是要多做点有益的事。"从这句话我们也可以看出，他是懂得人生智慧的。

"人活一张脸，树活一张皮。"不可否认，面子对一个人而言很重要，但是为了面子而使自己受委屈，去超负荷地背负自己能力之外的东西，那就是“死要面子活受罪”，是最不值得的。

哈里是世界著名的长跑冠军，他非常在意自己在公众心目中的形象，因为他觉得自己天生就应该是一个强者。但是，不幸却偏偏降临在了他的身上，他被诊断得了胃癌。知道了自己的病情之后，哈里不愿告诉他人，也没有及时进行诊治，他将病情当成秘密一样严守着，唯恐自己给人留下一个弱者的印象，典型地讳疾忌医。

终于有一天，哈里再也挺不住了，家人将倒下的他送到了医院。遗憾的是一切都已经晚了，哈里错过了最佳治疗时期。3天之后，哈里带着无限的眷恋离开了人世。

“他不是死于劳累，而是被自己的名气累死的。如果不为虚名，及时就医，他也不会早早地离开人世。”哈里的主治医生惋惜地说道。

的确，哈里是死在自己的盛名之下的。生活中不乏像哈里这样的人，他们为虚名所累，像停不下来的陀螺，不停地奔波，甚至丢掉了宝贵的生命。但是他们没有看到：虚名就像美丽的罂粟，美丽而充满魅惑，又有着侵蚀人心的毒性。

所以，面对荣誉，我们要做到“宠辱不惊，看庭前花开花落，去留无意，看天上云卷云舒”的淡然，才能时刻保持清醒的头脑，维护内心的平静，不被虚名所累。

世界名著《飘》的作者玛格丽特·米契尔曾说过：“直到你失去了名誉以后，你才会知道这玩意儿有多累赘，才会知道真正的自由是什么。”盛名之下，必有一颗活得很累的心，因为这颗心只是在为别人而活。追求虚荣不但会导致我们的心态失衡，还会使人放弃努力，停留在自己已经取得的荣誉之上，安于现状，最终一事无成。

明代还初道人洪应明所著的《菜根谭》之中有这样一句话：“此身常放在闲处，荣辱得失谁能差遣我；此身常在静中，是非利害谁能瞒昧我。”意思是说，经常把自己的身心放在安闲的环境中，世间所有的荣华富贵和成败得失都无法左右我，经常把自己的身心放在清净的环境中，世间的功名利禄和是是非非就不能欺骗蒙蔽我。不得不承认，古人的智慧和追求确实值得后人去思考，去学习。

是的，这个世界光怪陆离、纷繁复杂，人们很难保持那颗本真纯善的心，因为盲目地追求那些看不见、摸不到的虚名而迷失心智。一切祸根都源自心中的贪婪，是"看不透"让我们"舍不得"，结果给自己留下了许多的灾难和遗憾。所以，我们应当看透、舍得，不在乎虚名，不做无谓的面子之争，这样你会发现自己的心境豁然开朗，同时也会在前进的道路上有新的收获。

咄咄逼人最损形象

这是一则发生在职场上的真实故事：

北京有一家知名IT企业，是很多年轻人梦寐以求的公司。有一年，一位从麻省理工毕业的年轻人来到这里就职。在他看来，虽然这里有几个名校学子，然而，又有几个能和自己一样，从大名鼎鼎的麻省理工毕业？因此，他不免有些扬扬自得。

这天，这位年轻人的一摞资料不小心被一位同事撞掉了。他大发雷霆道："你怎么走路的？"

那个人急忙说道："不好意思，不好意思。"

"什么不好意思，我看你就是故意的！"

年轻人得理不饶人，嘴里依旧嘟囔着些什么。这时候，其他同事有些看不过去了："算了，多大的事情啊！"

然而，年轻人并未就此平息怒火："怎么了？我是麻省理工毕业的，会给公司带来巨大的成绩！他是什么态度？故意要找我麻烦！"

那个人又一次卑微地说："真对不起，我真的不是故意的。以后我一定小心！"

"不行，你必须在全公司面前郑重道歉！"

事情到了这一步，很多人都议论起来了：“有什么了不起，不就是从美国回来的吗？”

“是啊，人家是从北大毕业的，不见得比你差多少！”

“你，你是北大毕业的？”麻省理工的这名学子有些不相信。在他看来，名牌大学毕业的学子理应是趾高气扬的，理应是所有场合的焦点！

“是的。就连我的北大老师，也曾经在这里工作过。最后一次向您道歉，以后我会注意的。”这位北大的学生笑了笑，然后走开去忙自己的事情了。

“看来，还是咱们北大出来的孩子有教养！”

“是啊，否则我为什么会鼓励我的孩子上北大？”

顿时，办公室里发出了这样的议论。而那位麻省理工的年轻人，顿时窘迫地不知道该做什么好。

这，就是北大学子的风采；这，就是北大学子的气度！在北大师生的身上，“欲求显扬，先韬光养晦”九个字早已深入骨髓。

“欲求显扬，先韬光养晦。”这是很多成功人士都懂得的道理，也是一个人做人做事的哲学。在社会上行走，想要有效地避免自己成为“出头椽子”，让自己出其不意地成功，最好的策略就是韬光养晦，而不是咄咄逼人，赶尽杀绝。

那么，什么是韬光养晦呢？简单地说，就是把自己的锋芒隐藏起来，掌握一种外圆内方、绵里藏针的处世技巧，这反而会让人更加无法攻击你。别人的攻击因为没有着力点而不能发挥作用，反之自己只需轻轻一击，就可以令竞争对手受到重创。“韬光养晦”策略不是绝口不提，而是不让自己锋芒毕露，让一切看起来自然合理，不做超常的事。

一个人如果锋芒过露，处处咄咄逼人，不但会损害别人的自尊，还可能会破坏自身的形象，甚至危害自己的人际关系。因为锋芒毕露时间长了，自然就会引起一些人的忌妒，会不愿意同他人合作。

所以，纵使你才华横溢，也不能显露张狂的锋芒。企图一步登天，结果自然是摔得更加惨重。一个真正的强者懂得如何把握自己，懂得不断修正自己的做人处世技巧。所以，凡事不要那么锋芒毕露、咄咄逼人，学会脚踏实地地一步步向上攀，这样你才能踩得实，站得稳。

丁辉是名校毕业，并且在27岁时就顺利拿到了硕士学位，各方面能力都很强的丁辉很容易就应聘到了一家事业单位。虽然丁辉太过争强好胜，并且容易冲动，但是他的上司因为看中他的才华，于是尽可能包容他的缺点，年纪轻轻地就被提拔为办公室主任，在很多人看来，丁辉就是一个很有前景的潜力股。

但是，心高气傲的丁辉并没有看上这家单位，只在那里待了不到一年就辞职南下去了深圳。很快，他被深圳一家大型合资企业聘请，负责公司中的宣传工作。得到这份工作之后，丁辉充满雄心壮志，下定决心干出一番事业来。

在这家公司，丁辉如鱼得水，工作起来得心应手，做出了相当不错的成绩，因此，老总多次当众夸奖他。这让丁辉的心中更加充满雄心壮志。但是，半年之后，跟他一起进来的两个同事都得到了提升，他却还在原来的位置没有动。这个时候，丁辉的心理起了很大的变化，极度地不平衡，后来因为和其他同事发生了一点冲突，更让他的心里不痛快。“我豁出去了，不成功，便走人，在这里得不到应该得到的待遇，待着也没有什么意思。”他这样告诉自己。

老总发现了丁辉的情绪不对，于是把他叫进了办公室，意味深长地说：“小丁，请给我一个认识和了解你的机会。”其实，老总这次没有提升他，是准备再考察他一年半载，就把他提升为公司的公关部经理。虽然没有得到提升，但是年终薪资调整，他的薪水却提高了不少。

工资提高之后，丁辉的确喜悦了很久，但是这样的兴奋并没有维持多久，不久他又有了新的不平衡。因为他看到，和自己一起进单位的同事发生了新的变化，要么升职，要么跳槽，而他却依然在原地踏步走。“我这样优秀，绝不应该混到这步田地，但是，现在我怎么会连那一帮平庸的人都不如呢?"他不止一次地这样对自己说，在这样的心理作用下，丁辉的性格变得更加任性孤傲。

一天，公司通知周末需要加班，听到这样的消息，所有人都没有说什么，只有丁辉勃然大怒，认定自己的权益受到了侵害，并且和自己的顶头上司大吵一架。这件事让他在公司高层领导心中造成了极坏的印象，老总也觉得没有继续考验他的必要了。最后，受到冷遇的丁辉自觉无趣，便主动辞职了。

辞职后的丁辉，依然没有改掉争强好胜，咄咄逼人的性格，他也依旧在各个公司徘徊，依然没有一个能够做得长久。后来，自觉怀才不遇的他只好灰溜溜地回到老家，在一家公司做了一个小小的职员。

没有人可以否定丁辉的才华，但是，也没有人有义务去体谅他的咄咄逼人。其实，丁辉的失败并不是因为社会的不公平，而是应该归咎于他太过咄咄逼人，急于求成。不可否认，现代社会是一个竞争的社会，有时候不显示自己的才华，不去努力争取是达不到自己的目的的，但是一定要控制好自己，只有懂得适当地隐藏锋芒才是明智之举。

一个人如果锋芒外露，处处咄咄逼人，不但会损害别人的自尊，还可能会破坏自身的形象，甚至危害自己的人际关系。因为锋芒毕露时间长了，自然就会引起一些人的忌妒，他们会不愿意同你合作。所以，纵使你才华横溢，也不能显露张狂的锋芒，企图一步登天，否则你将摔得十分惨重。一个真正的强者懂得如何把握自己，懂得不断修正自己的做人处世技巧。

所以，凡事不要那么锋芒毕露、咄咄逼人，要学会脚踏实地地一步步向上攀，这样你才能踩得实，站得稳，才能给众人展示一个积极的形象。

气度养成术——忍耐

清华大学国学院创办人之一吴宓，学贯中西、融通古今，被称为“中国比较文学之父”，可谓声名显赫。然而，虽然他的地位极高，却是一个极能忍耐的人，不会因为别人说什么就大发雷霆，那份气度至今被人称颂。无论遇到何种问题，吴宓很少大动肝火，他总是在人们认为他会大发雷霆的时候选择了忍耐，将大事化小小事化了。

有一年，吴宓从安吴回西安。在火车上，有一个列车员在倒开水的时候，一不小心将吴宓的手烫伤了，列车员很是惶恐，赶紧赔礼道歉。吴宓却站起身来，毫不介意地说：“没事没事，不要耽误你的工作。”

同行的几个人都感觉很诧异，在列车员离开之后，迫不及待地询问吴宓。面对众人的不解，吴宓回答说：“曾经的英国首相丘吉尔去议会发表演讲，在下车的时候，他夫人的手被车门夹伤，血流不止。丘吉尔看见了，神情慌急，但夫人却一脸镇静连说‘没事’，等到丘吉尔演讲完毕，夫人才告诉他实情。”

听了吴宓的话，同伴们这才明白，吴宓之所以能够成为令人景仰的国学大师，不仅在于学术上，更在于这种“忍”的博大胸襟，于是对他更加敬佩。

吴宓之所以这样做，主要是想告诉人们，遇事必须学会忍耐，不可以因小误大、因私误公。只有这样，才能显出自身的气度。吴宓的所思所想所做，的确让人敬佩，这种气度更是清华园的气度。

人作为一种“情感动物”，情绪就像影子一样，每天与自己相随。我们在日常的工作、学习和生活中，时时刻刻都体验到它的存在。每个人都会遇到不顺心之事，当情绪低落的时候，我们是应该选择忍耐，还是让情绪任意宣泄呢?相信绝大多数的人都会选择后者。

的确，将自己的情绪宣泄出来，可以适当地缓解一下心中的压力。但是，从长远来看，随意宣泄自己的情绪会让我们养成控制不住情绪的坏习惯。正是这份坏习惯，有时会让人们失去成功的机会，失去原本在他人眼中美好的形象，更断送了美好的前程。所以，我们要学会控制自己的情绪，成为情绪的主人，将自己有气度的一面展现给他人。

李建是部门里最踏实认真的人，在工作中很少出差错。但是有一次，李建的上司在部门的早会上，却公开批评他没有按时把产品资料传给客户，造成工作上的延误。

事实上，这次失误并不是李建造成的。那次他依然和以前一样努力认真地工作，在那天检查合同资料的时候，就发现秘书室把一套数据给弄错了。但是当时已经到了下班时间，秘书室的人已经走了。由于时间实在紧急，他不可能马上给客户发送产品资料，所以只好用电话跟对方取得联系，另行约定了发送产品资料的时间，并及时通报了相关情况。因为善后处理得及时，也没有造成公司的损失，可是恰逢上司刚出差回来，于是还没搞清楚具体情况就批评了李建。

李建虽然很委屈，但是他并没有在早会上立即为自己辩驳，而是选择了沉默。因为他明白，这个时候如果跟领导解释具体情况，只会让领导觉得难堪下不了台，此刻无论自己怎么占理，领导都会很生气，争论很可能把场面弄僵，甚至不可收场。就算领导明白了事情的始末，觉得错怪了自己，当场承认了错误，但在以后的日子里很可能心存芥蒂，会找机会给他“穿小鞋”。权衡利弊之后，李建忍耐了下来。

过了几天，上司看到了那份记录，这才知道错怪了李建。上司对李建的做法相当满意，因为李建没有当众让自己难堪，而是为自己保留了面子。从那之后，上司把李建当成了心腹，对他更加器重。李建在工作中自然更有激情，并且很快得到了提拔。

李建的故事告诉我们，人的一生中必然会遇到很多波折，但如果能忍一忍，控制住自己的情绪和心志，以后即使碰到再大的问题，也能忍到最好的时机再把问题解决。不怕丢面子、能忍常人所不能忍，这就是一种韬略，更是一种气量。所以，当你受到误解，或者遭受委屈的时候，请学会忍耐，因为时间会证明一切的，当一切真相大白的时候，你的气度往往会提升你的人格魅力，甚至为你赢得新的机会。

当然，想要成为一个善于忍耐的人并不容易，因为情绪是一种让人捉摸不透的东西。很少有人能够在遭受到不公平待遇之时，依然淡然处之。但作为想要取得更大成就的人，你要时刻记得，你不忍住，很可能让你多年的努力付诸东流。

有句话是这样说的："我们无法改变天气，却可以改变心情；无法控制别人，但可以掌握自己。"忍耐是一种本事、是一种意志、是一种智慧、是一种修养、是一种境界、是一种大视野和大心胸，更是一种自我完善的方法。忍耐不是一味地逆来顺受，不是茫然失措的结果，而是让我们知道，对于人生中的不公平，要懂得韬光养晦，积蓄能量，等待时机，厚积薄发。所以，坦然面对现实吧，做到不急不躁、不气不馁，学会用忍耐来砥砺品行、磨炼意志和锻炼作风，这样我们就能看到人生的另一番美景。

能屈能伸方显真气度

从北大走出来的学者，气度都会让别人崇拜，钱理群就是其中的一个。在他的身上，你能感到能屈能伸被发挥到了极致。

在北大，有一位著名的教授名叫吴组缃。他在给学生上第一堂课的时候，刚走上讲台就这样说道："现在我给你们两个判断，你们看哪个更正确：一个判断是'吴组缃是人'，另一个判断是'吴组缃是狗'。"

这个问题，自然让很多人都匪夷所思。很自然，大多数同学都选择了前者。

就在这时，钱理群却站了起来反驳道："第一个判断虽正确，但毫无价值。第二个判断虽然是错的，但它却会给你无限想象，吴组缃是狗吗？是谁骂他是狗？为什么只骂他不骂别人呢？这样一想，可能就会产生很多可能性。哪怕是错误的判断，但它能给你新的可能性，它也就是有创造性的。"

吴组缃惊喜地看着钱理群，他就是想看到一个敢于挑战的学生。

然而，钱理群当然不是这么"嚣张"。在遇到伤害时，他也会主动选择"屈"。钱理群一直主张思想解放，特立独行的他难免会遭到很多人的抨击。

通常来说，人们听到别人对自己的人身攻击后，都会显得有些动怒，想要站起来辩驳一番，然而，虽然钱理群是名教授，但是他并没有和众人进行口水战，而是继续低调地做自己的事业，显得非常能"委屈自己"。

钱理群先生的能屈能伸，真正地继承了北大的精神，也获得了众人的赞同。然而，现在的很多年轻人有着蓬勃的朝气、有敢想敢干的气魄，就如刚出生的小虎崽，不惧怕任何挑战，但正是这份盲动的心理，让很多年轻人缺少了能屈能伸的气度，总是不能掌控自己的情绪，不懂得暂时的“屈服”，只想着一味“争斗”，没有一颗理性的心来分析此时是不是“争斗”的最佳时机。

很多人都有这样的思想：“屈服”就意味着懦弱。但是你是否知道，大凡打算干一番轰轰烈烈的事业的强者，都有能屈能伸的气度。因为他们深知，暂时的屈服不代表懦弱，反而是一种智慧的体现。

韩信曾受胯下之辱的故事，相信所有人都不会陌生，他正是凭借着能屈能伸的气度，才最终成就了一番事业。

韩信是汉初有名的大将，然而他年轻时家境贫穷，他既不会溜须拍马、投机取巧，更不会买卖经商，整天只顾研读兵书。最后，他连起码的温饱也无法解决，只好背上祖传宝剑，沿街讨饭。因此，他被很多人嘲笑，被认为是一无是处的人。

当时，有个财大气粗的屠夫很看不起韩信，认为韩信是个寒酸迂腐无用书生，于是故意当众奚落他说：“你虽然长得身高体壮，身上又喜欢佩刀带剑，但却不能掩盖你是胆小鬼的事实。如果你不怕死，就一剑捅了我；如果你怕死，就从我裤裆底下钻过去。”说完这些，他哈哈大笑着把双腿叉开，将姿势摆好。

看到有好戏可瞧，众人一哄围上，想看韩信的笑话。韩信却看了看屠夫之后，不顾众人的嘲笑弯腰趴在地上，从屠夫裤裆下面钻了过去。街上所有的人都说韩信是个胆小鬼。

即使所有人都瞧不起自己，韩信依然忍气吞声，闭门苦读。几年后，各地爆发反抗秦王朝统治的大起义，韩信认为自己的机会来了，他闻风而起，仗剑从军，并为大汉王朝建立了卓越的功勋，被刘邦封王拜将。

韩信受胯下之辱，最终成就盖世功业，成为千秋佳话。试想，如果当初他为逞一时之快，一剑刺死羞辱他的屠夫，那么他就会杀人偿命，落得身首异处的下场，这是将“盖世将才之命抵偿无知狂徒之身”的赔本买卖。韩信深明此理，于是选择了忍辱负重，最终没有毁弃自己长远的前程。

在漫长的人生旅程中，我们会遇见形形色色的人，这样的情形同样不少见。别人的恶意挑衅、恶意抨击，目的就是为了激起你的愤怒，让你主动将缺点暴露，从而给对方留下攻击的时机。面对这样的情况，最好的方法不是针尖对麦芒，和对方硬碰硬，而是按下火气，不与其正面冲突。也许你会受一时的委屈，但是因为你的隐忍，最终胜利的果实会在你的手中。

真正的强者，有着弹簧一样的韧性——屈服是为了蓄力伸长，伸长为了借力收缩。无论身处多么恶劣的环境，都能用理性的思想掌控自己的情绪，然后用相应的举措来应对各种挑战。成功不属于这样的人，还会属于谁呢？

所以，面对人生的瞬息万变，即使我们因为各种原因遭受打击，也应该积极调整自己的心态。要用“能屈能伸”的态度去面对人生的高峰和低谷，成为一个真正的强者。

自负，成功的绊脚石

这是一位北大学生的自述，从他的文字中我们可以看到，他不因自己的学历高而骄傲自负。事实上，多数北大的学生都有这样一种态度：

我本科毕业于北大经济学院，研究生就读于中科院。很多人都认为经济类学生很热门，但是别的专业姑且不提，光从经济类来说，我的教育背景不仅不如北大清华的同学，比人大、外经贸、中财的同学也要逊色。我很清楚自己的劣势，所以我只能从经验上弥补，包括参加注册会计师考试、去公司实习，等等。

虽然，我喜欢的行业是财务和咨询，但是，会计师事务所每年招聘的人数较多，竞争没有咨询公司激烈，所以注册会计师成了我的首选。于是，我参加了注册会计师的考试，并且通过了一门，在2001年的夏天，我还在托福考试中拿了满分。

在那段时间里，我除了学习，还在两家知名企业进行了实习：一个是奥美，一个是三星。这些经历都毫无疑问地增加了我简历的分量，成为了我职业生涯中的财富。而这两家公司，对我都非常满意。

通过工作我发现，北大的学生似乎很受各个公司的喜欢。我在三星时的项目经理就挺喜欢我的，虽然不在中国了，我们还保持着联系。在我看来，能够赢得好感一是因为专业知识，二是因为态度。我发现，我认识的北大同学中，没有一个在单位是自高自大、目中无人的，他们的能力与人品都是备受称赞的。这样的员工，有哪一个公司不喜欢？

北大是众所周知的名牌大学，然而北大的学生却不因为高学历而自负，而是脚踏实地、本本分分地努力创业，这就是北大人才总是受用人单位青睐的原因。

然而，现实生活中很多人都不明白这一点，总是大肆炫耀自己的过人之处，有意无意地表露出自身的一种优越感。也许与同事相比，你的身上确实有过人之处，但是，要知道这并不值得我们大肆炫耀，更不能因此让自身产生一种优越感。因为自高自大、目中无人的自我优越感很可能毁掉你的前程。

首先，如果你总是想要流露自身的优越性，这会被人贴上狂妄的标签，面对这样的你，即使你的观点正确，同事也很难接受你的观点与建议。甚至，你还会因为太爱表现自己，受到同事的排挤，严重影响你的人脉关系。

其次，自身优越感的形成，在很大程度上会让你的心态发生扭曲，只要稍不顺心，你就会在内心滋生强烈的不平衡感，这种心理对于自身的发展是相当不利的。

最后，自负本身就是对自身发展的一种局限，自负的人眼光实际上很短浅。在他们的心中，往往把自己看得很重，视野中没有别人，只有自己，他们认为自己是最优秀的。的确，那些自负的人大多很有才华，但是也因为自负，他们故步自封，让自己的路越走越窄，最终使自己走向失败的道路。

发明大王爱迪生年轻的时候，非常善于听取别人的意见，即使在自己已经取得了很高的成就时，他也经常听取助手的意见。因为他的谦虚和自信，他的一生拥有了1093项专利，取得了令世人赞叹的成就。

然而让人惋惜的是，晚年时候的爱迪生慢慢丢失了这份谦虚的态度。他觉得自己的成就已经很高了，就一改早年埋头于实验的做法，觉得自己不需要埋头苦干就能发明创造。每当助手向他提出建议的时候，他也不耐烦地说："不要向我建议什么，任何高明的建议也超越不了我的思维。"面对他的自高自大，助手们都无可奈何地离开了他。自此之后，爱迪生不仅没有什么发明，还把自己一手创办的企业卖给了摩根。

一个让世人惊叹的发明家，却因为骄傲自满使自己的事业跌入低谷，这是我们应该吸取的教训。要知道，没有谦逊的态度、踏实的作风，只知道自负骄傲，即使是很有天赋的人也会停滞不前。一旦将自己的才华挥霍干净之后，你就会变成一个平庸的人了。

当然，很多自负的人都有过人的才华，这是不能否认的。他们也曾有过很大贡献，但也正是因为那些卓越的功勋，让他们听不进别人的意见——因为有所成就，所以他们自视甚高，从而自我满足，不屑与别人交流，最后难免出现悲剧性的结局。

林书豪是现在很多人的偶像，一夜成名的他在获得了巨大的成功后，成为了各个体育用品品牌最青睐的对象，各种广告合约纷至沓来。然而面对这些充满诱惑的名与利，林书豪并没有动心，因为他知道自己离"功成名就"还有很远，自己要学的东西还有很多。所以，他并没有把自己放在"明星"的位置上，而是选择了继续低调地练球。这种谦虚的态度，却为他赢得了更多的掌声。

现实生活中，很多人将自信和自负混为一谈，认为自负也是自信的一种表现。其实，自信是成功的推动器，自负是成功的绊脚石。它们的区别就在于，自信是对自己的一种基于现实的自我肯定、自我激励，而自负则是明显地脱离实际，自负的人心比天高、目空一切，并且容易安于现状，通常不会取得更好的成就。

所以，我们应该谨记：人贵有自知之明，盲目自大自负，对己有害无益，对人对事有损无补。骄傲自满就如同人生路途中的一处暗礁，一旦养成了恶习，那成功的愿望便会触礁，人生的航船也将沉没。只有谦虚的态度，严格律己、礼貌待人，我们才会在通往成功的道路上少走弯路。

第3课

“自强不息，天道酬勤”的进取性格

总有人问：为什么从北大、清华走出的学子，总会带着不一样的气质？答案很简单：北大清华人无论对待什么，都充满了进取的精神。无论是早期的大家，还是如今正值当年的中青年学者，他们身上都具有“自强不息，天道酬勤”的性格。正是这份进取心，使北大清华无论何时，都能够为社会提供源源不断的栋梁之才。

唯有勤奋，才能舞动成功的旗帜

北大人为什么最终能取得骄人成绩，简单地说：他们都很勤奋，几十年如一日做着自己的事业，最终品尝到了成功的果实。

有诗云“书山有路勤为径，学海无涯苦作舟”。对于文学家，勤奋就是文学殿堂之门的敲门砖；对于科研者，勤奋就是发明的灵感；对于政治家，勤奋就是实现理想抱负的基石；对于商人，勤奋就是打开金库的钥匙。看看那些成功企业家的发展史，就会发现他们曾经几乎全都贫穷过，但靠着自己的勤劳，都奋斗出了属于自己的一片天。

其实，这其中的道理很简单，“早起的鸟儿有虫吃”。就像龟兔赛跑，也许你没有别人跑得快，但你一路脚踏实地，不曾停歇，付出比常人更多的努力，就会收获更多丰盛的果实。

下岗了，过了中年的程凯没想到会遭遇这样的厄运。原本以为接父亲的班进了国企便可一生衣食无忧，孰料想这份看似安稳的工作没能抵挡住改革浪潮的冲击。

程凯有点懵，有点不知所措，但他知道他没资格消沉，上有老下有小，妻子的肚子也一天天鼓起来，又一个小生命即将出世。他必须尽快找到工作，维持家里正常的生活。可他只有初中学历，这些年一直待在国营企业，知识和观念都跟不上时代了，再加上不尴不尬的年龄，想要重新谋职又谈何容易。

程凯想：自己必须先更新观念，开阔思路，读书是一个很好的渠道。他读到那些成功企业家的传记，看到这些成功人士也曾经迷茫过、无助过，学历也不高，也是从一无所有开始奋斗，他似乎看到了希望，决定要自己开创事业。

从自身情况出发，程凯选择了技术含量不高的保洁行业。他租了一间很小的门面，雇了两个工人，印了一些宣传单。每天天刚刚亮，程凯就像小蜜蜂一样忙碌地穿梭在城市的大街小巷、公司社区，到处发传单为自己的保洁公司招揽生意。

一个月过去了，程凯还没拉到一单生意。他没有泄气，他知道“天将降大任于斯人也，必先苦其心志，劳其筋骨，饿其体肤”，他努力得还不够。他将宣传单塞进一家家的门缝，不厌其烦地介绍自己的公司。

老天爷终会眷顾勤奋的人，程凯接到了第一笔生意，有人请他去为自己即将开张的公司做清洁。房子又旧又脏，天花板、墙壁、窗户、地面，程凯仔仔细细地干，每一个细节都不放过。500平方米的面积，只收了500块钱，不仅没有赚到钱，还倒贴了一部分工资。别人都笑他傻，好不容易有一笔生意，干吗不多赚一点？程凯呵呵一笑说：“只当买个口碑吧。”果然没多久，那个客户又主动联系他，给他介绍了一些工作，并且价格也非常合理。

工作之余，程凯好奇地问起给他介绍生意的人：“先生，您为什么愿意帮助一个萍水相逢的人？”那人笑着说：“看到你，想起了刚开始创业的我，你人勤奋，活又干得好，价格又公道，一定能够干好的！”

就这样，程凯十年如一日地努力，他的声誉越来越好，生意越来越多，“小蜜蜂”保洁公司成了这个行业最响亮的名字！

程凯的故事告诉我们，成功没有捷径可寻，勤奋、吃苦是必经之路。如果不能吃苦，在最艰难的时期，他就会选择放弃另谋职业；如果做不到勤奋，他也不可能在行业竞争中脱颖而出，成为行业的龙头。

勤奋是我们每个人都可以拥有的东西，不管你天资聪颖还是愚钝。就算你是天才，只要懒惰，也会一事无成；就算你不够聪明，只要勤奋，也会闯出自己的天地。“勤能补拙”的道理大家都明白，可是又有多少人在立下雄心壮志后，会在不知不觉中沉沉睡去？唯有付诸实践者，才能品尝到成功的滋味。

什么样的心态，就有什么样的人生

也许，我们对邹恒甫这个名字还有些陌生，但在北大校园，他却早已大名鼎鼎。这个湖南才子是北大经济学讲座教授，同时兼任世界银行研究部研究员、武汉大学高级研究中心主任、深圳大学高级研究中心主任。在邹恒甫的身上，你能感到北大人那种脚踏实地的心态，那种一心为学的理念。

教书和痛快地读书，是邹恒甫先生最喜欢的两件事。1994年，邹恒甫博士开始了中国经济学教育改革试验，他一手创办了武汉大学高级经济研究中心，开办了国际数理金融和数理经济系两个班，这两个班采用英文原版教材，教学与国际惯例接轨。中心向全球一流大学经济系输出很多中国经济学博士生，邹教授的行动赢得了经济学同行之间的佩服和尊重。他创办了我国第一本经济学英文期刊，就是现在国际经济学主流刊物之一的《经济学与金融年刊》。

郎咸平说，在今天中国浮躁喧嚣的经济学领域，邹恒甫是一个传奇，在多远集纳的教育界，邹恒甫是一个另类。他忽略世俗的诱惑，十年树木，百年树人，埋头办教育，只问耕耘。作为对国学、历史和哲学情有独钟的著名经济学者，中国传统文化赋予了他一种超人的眼光和胸怀。他像冬天里温暖的阳光，渴望照耀在更多人的身上；他更像一位旁观者，因为高度，因为距离，比圈内人士更懂得使命感，更为深沉和冷静。

现实社会中，有许多为了事业而拼命打拼、努力奋斗的年轻人。但是在打拼奋斗的同时，他们会显出些许迷茫，发出质疑：为什么有些人很容易取得成功，而有些人即使苦苦奋斗一生，却只能维持在温饱线上？

为什么会有这种情况？原因就是由于心态的不同。心态不同，人生命运也就不同。那些积极乐观、不畏艰难险阻的人，只要肯努力，终将进入成功者的行列；而那些消极的人，即使付出再多，也难以取得成就。所以，一个人能否取得成功，主要取决于心态。

在德国，有一位将军被派到沙漠里参加训练。为了陪丈夫，他的妻子就跟着丈夫到了沙漠的陆军基地，白天丈夫参加训练，把她一个人留在营地的小铁皮房子里。在白天，沙漠的温度很高，即便是在仙人掌的阴影下也有华氏125度，这样的温度，热得让这位夫人无法承受。

然而与无法承受的高温相比，更让她无法忍受的是寂寞。在这里，这位夫人身边只有墨西哥人和印第安人，他们不会说英语，而她也不会墨西哥语和印第安语，每天只能待在房子里，在高温与寂寞的陪同下等着丈夫回家。她非常难过，于是就写信给父母，说她想要抛开一切回家去。

父亲很快回信了，但只写了一句话："两个人从牢中的铁窗望出去，一个看到泥土，一个却看到了星星。"这简单的一句话，让她的心头一颤，同时对她的未来产生了极大的影响。这位夫人终于明白了父亲的良苦用心，惭愧之极的她决定要在沙漠中找到她眼中的"星星"。

重新调整心态的夫人开始了另一种生活。她再也不把自己封闭起来了，开始努力跟当地人交朋友。虽然因为语言的问题出现了很多麻烦，但当地人的热情让她对自己充满了信心。渐渐地，她学会了一些基本的本地语言，并且对这里的生活产生了兴趣。而当地人也很大方地把自己最喜欢但又舍不得贩卖的物品送给了她。

渐渐地，这位夫人变得开朗了起来。她又开始研究那些仙人掌及其他沙漠植物，还学习了有关土拨鼠的知识。有时间的时候，她还陪着当地人一起去观看沙漠日落，感受沙漠里的海市蜃楼，他们还一起寻找几万年前，这沙漠还是海洋时留下来的海螺壳。这位夫人的生活发生了巨大变化，原来难以忍受的环境变成了令人兴奋、流连忘返的奇景。

就这样，夫人的抑郁情绪一扫而光。后来，她还把在这里经历的一切，结合自己的感受写了一本书《快乐的城堡》，成为了轰动一时的畅销书。

铁皮房、沙漠、印第安人、墨西哥人他们都没有改变，是什么让这位夫人从抑郁变得开朗呢?答案就是她的心态。过去这位夫人习惯从消极的一面看待问题，现在她习惯从积极的一面去看问题，因此自然就会找到那颗最耀眼的“星星”。

任何事情都有两面性，关键是我们用什么样的心态去选择、去对待它们。一个人的心态是积极的，他看到的自然是积极的一面，他的生活、人际关系以及周围的一切都是成功向上的；一个人的心态是消极的，他的眼里就只有悲观、失望、阴暗的一面，他自然不可能取得成功。

向前迈一步，进步多一些

被誉为“中国核武器之父”、“中国原子弹之父”的王淦昌先生，也是从清华大学走出来的科学家。在他的身上，我们能感受到清华大学那种不断要求进步、不断向前进的精神。

1982年，王淦昌已经是行业内顶级专家，但是他却把核工业部副部长的职务辞掉。过了一段时间，他又辞掉了原子能研究所所长的职务，最后把核物理学会理事长的职务也辞掉了。

王淦昌的一系列行为，让所有人都很好奇。“别人可以担任的工作，何必自己一直担任下去呢？但是有一项工作他是不会辞掉的，就是科研，就是惯性约束核聚变！”当别人问他为什么的时候，他这样说道。

退居二线的王淦昌，开始了新一轮的前进。有一次，他看了苏联生理学家巴甫洛夫的电影后，非常高兴地说：“巴甫洛夫活了90多岁还能坚持搞科研，实在太好了，我还可以搞好多年科研呀！”这个时候，王淦昌先生已经年过七旬了，但是他依然渴望向前进，依然渴望进步。

1986年3月，79岁高龄的王淦昌先生，与其他学者一起，提出了对我国高科技的发展有重要意义的建议。这个提议，得到了国家领导人的高度重视，因此，关于我国高科技发展的“863计划”得以制订，为我国高科技的发展开创了新局面。

王淦昌先生曾经说过：“我们应该要求自己站在世界科学发展的前列，只有这样，才能带领青年人去发展我们的科学事业。”这种态度，正是对清华大学精神的最佳折射。

每天多做一些，每天就向前迈进一步，人生的差别就在这一点。如果你每天比别人多做一些，几年之后，你就会将别人远远地甩在身后。

李嘉诚刚步入社会时，是一名普通的推销员。多年后，已经成为著名华人企业家的他总是被人追问推销的秘诀，李嘉诚说：“这个问题日本‘推销之神’原一平也曾经被问到过。”

“哦，那当时他是怎么回答的？”

“他当场脱掉鞋袜，对提问者说：‘请您摸摸我的脚板。’提问者摸了摸，十分惊讶地说：‘您脚底的老趼好厚！’原一平说：‘因为我走的路比别人多，跑得比别人勤，所以脚趼特别厚。’做得比别人多一些，这就是我们成功的秘诀。”

刚开始创业时，李嘉诚每天都要背着一个装有样品的大包马不停蹄地走街串巷。

“别人做8个小时，我就做16个小时。别人累了，倦了，休息了，我还在做。这就是我和别人不同的地方。”李嘉诚如此说道。

李嘉诚的经验告诉我们：“不积跬步，无以至千里。”每个人的先天条件并没有太大的差别。每天多做一点，就会进步一点，无止境的进步，就是你人生不断卓越的基础。有的时候，我们甚至不惜“吃亏”，就是为了能得到“向前迈一步”的机会。

中国有句古话：“吃亏就是占便宜。”然而，现在好多的年轻人都是独生子女，不愿意谦让，更不愿意付出，总觉得多做一点就是吃亏。殊不知，今天吃点亏，明天会因为吃亏得到更多的回报。其实多做一点，没有想象的那么难，只需要调整一下心态，你的未来就会因此而大放异彩！

杜博是某国际公司驻陕西办事处的总负责人，在说起自己的成功时，他总是这样感慨："我有今天，全靠当年积极主动的加班。"说到加班，没有人愿意。只有那些对公司有归属感，在工作中找到乐趣，并有工作目标的人才会愿意加班。

杜博来这个公司都快一年了，可大公司的分工特别细，除了自己的那点活，别的同事的工作自己一点都不了解。杜博有点着急，这样下去，自己所学的东西太少了，每天都没什么进步。为了学到更多的东西，杜博主动和同事们套近乎。他给同事们买午餐、倒开水、复印，跑腿打杂，甚至帮他们做些私事。同事们看他又热情又愿意帮助人，都对他有求必应，也愿意分享他们的工作经验。就这样，杜博学到的东西越来越多。有时，甚至其他同事有事先走，他还主动加班帮他们完成。

每当回忆起那段日子，杜博都感受颇深地说："那时过得累但充实，对于一个年轻的职场人来说，多做就是福啊！当然，'多做'并非是说要当一个被呼来唤去的打杂工，而是说积极主动的心态会让你走得更快、更远。"

作为职场新手，很多人会觉得很难和同事沟通，他们看起来都那么忙，没人有时间耐心地教你，你无法融入他们中间去。对于他们来说，你是一个新人，同时更是他们的竞争对手。如果你不主动表现出善意、热情，别人是不会主动接近你的。在合理的情况下主动帮助别人工作，才会赢得和同事交流的机会，以此获得更多的工作经验。多做那么一点点，你就为你的未来赢得了成功的可能！

想要保持竞争力，唯有学习、学习再学习

1923年的夏天，一个青年从遥远的湘西来到北平，踏上了他的求学之路。在此之前，他几乎从未接受过正规的现代学校教育，大部分知识都是自学得来的。他的最高学历，仅仅是小学毕业。他来北京的最大目的，就是要学习新知识。

然而，对于一个举目无亲的异乡人，要在这样的大都市里生存下来是相当艰难的。不过，这位年轻人并没有想那么多，而是见缝插针地寻求学习的机会。

功夫不负有心人，来到北京没多久的他，很快发现了一条最佳的求学捷径——在北京大学旁听。

当时的北京大学实行的是极其开放的办学方针，学校的大门向一切渴望学习的有志之士敞开，不仅允许他们自由地听课，甚至允许旁听生们使用北大的图书馆博览群书。除了不能把书借走之外，其他的待遇基本上和在校学生差不多。因此，当时的北大汇集了来自全国各地为数众多的求学之士，旁听生的实际数量甚至超过在校生。

这个年轻人，便是其中之一。他根据自己的学习兴趣，主要选取中文系、历史系、日语系等系的课程，一边在北京大学旁听，一边在香山慈幼院打工，

一边勤奋写作。他忙得像停不下来的陀螺，但是从来没有想过要放弃。

正是凭借着这种好学的精神，他在各方面均打下了坚实的基础。1924年，他迎来命运的转机，作品陆续在《晨报》、《语丝》、《京报副刊》上发表。四年以后，当他迁居上海，与丁玲、胡也频一起创办《红黑》杂志。此时，他已是一位小有名气的青年作家了。

到了20世纪30年代，这位年轻人进入了创作高峰期。他开始用小说构造他心中的“湘西世界”，完成一系列代表作，如《边城》、《长河》，散文集《湘行散记》等。随着创作的渐入佳境，他从北大的一个不为人注意的旁听生，成为名扬一方的教授、作家，成为了一个极具影响力的文学大师。

这个年轻人，就是我国现代著名文学家沈从文。很多人只看见沈先生的成就，却不知道沈先生的求学之路也是从旁听生起步的。沈从文有这样的成就，靠的是什么呢？除了本身的聪慧之外，靠的就是“不断学习再学习”。沈从文先生的经历告诉我们：学习是无止境的，活到老，学到老，唯有如此才可以登堂入室。

常言道：“活到老，学到老。”这句话不难理解，无论我们身处何种境地，都必须不断地学习。无论是刚刚走出校门的毕业生，还是经历了千般磨砺的职场人士，为了不断提高完善自己的能力，都要不懈努力地学习。就像一个软件，必须不断升级更新，才能跟得上时代。否则，我们就会因为无法适应社会而使自己的事业之路停滞不前。

现如今，传统的学习观、工作方式、生活方式都对我们产生着重大的影响。尤其是对于年轻人，想要在几年后不被后起之秀超越，那么就必须培养出学习能力。即使已经事业小成，也不能忘记学习。

很少有人知道，身为商界翘楚的朱张金，曾经却只是一个“半文盲”。朱张金在年轻时，因为知识水平有限，曾多次吃亏上当。

1999年冬天，朱张金因为外语水平不行，吃了一次大亏。当时，他到美国参加一个皮革展，一个加拿大商人向他推销landcows(死牛皮)，40美元/张，朱张金听了心中窃喜，他想这 landcows 怎么跟 deadcows 一样便宜呢？(按朱张金的理解，死牛皮应是 deadcows，而没听说过的 landcows 则一定是好皮)，他兴冲冲地从美国飞到加拿大看货，结果大失所望，但因为死牛皮就叫 landcows 而不叫 deadcows，老外没有骗人。

这件事，让朱张金意识到学习的重要性。

一字之差，让朱张金跑了很多冤枉路，花了很多冤枉钱。他下定决心苦学英语，上学校、请老师，誓要改变这一局面。几年过后，朱张金的英语水平迅速提升。如今，只有初中文化的朱张金，已能用一口流利的英语自如地给老外介绍产品了。

正是通过不断学习，朱张金才能成为温州商人中的翘楚。从表面上看，他学习外语必然需要占用工作时间，同时请老师还要有一笔支出，这与“经济至上”的理论相违背；可是从长远上看，朱张金获得的利益更加丰厚，这正是知识带来的好处。

大商人尚且如此，何况还在事业打拼期的我们？学习是年轻人的必修课，没有人可以例外。尤其是在工作中，我们更应该主动去学习，这样才能在竞争激烈的商业环境中胜出，在职场中取得好业绩。

当然，这里所说的学习，并非仅仅是指书本或学校。以下几种方法，同样可以帮助我们提高学习能力：

1.参加社会培训班

倘若你已经成为领导或自主创业，那么培训的目的，就是把自己的专业技能转换为通用技能。

举个例子：某人已经是一名销售经理，下一步的职业发展目标是市场总监。作为市场总监，不仅要熟悉销售业务，还需要了解产品的市场拓展、客户服务这些领域。对于处于这种位置的人来说，当务之急不是继续发展自己的专业技能，而是提高职业的跨度，熟悉其他领域的工作。这个时候，就可以通过一些课程的进修，例如选择 MBA 教程，或是向企业申请轮岗的要求，熟悉其他部门的工作，这样有助于尽快得到理想的职位。

当然，对于培训班的学习，我们必须慎重。现在有不少挂羊头卖狗肉的培训班，不仅不会教授什么知识，反而还会让人更加迷茫。对培训班多多考察，这样才能找到最适合自己的。

2.向周围的同事学习

对于身在职场的年轻人来说，最便捷的学习方式就是向周围的同事请教。例如，你可以向经验丰富的前辈学习良好的时间管理能力、有效的沟通能力、高度的服务意识和让客户满意的能力、准确分析问题与解决问题的能力等。

向同事学习还有一个好处——在企业内树立良好的形象。这样一来，将来一旦有了晋升的机会，那么同事们自然也不会说三道四。

3.利用互联网进行学习

互联网是如今年轻人必不可少的工具，利用它也可以进行专业的学习。互联网上的知识很多，要善于利用网络资源，学会从网络中获取知识和信息。不过，网上的知识良莠不齐，要注意去粗取精，去伪存真，汲取有用的资源和信息。

无论选择哪种方法进行学习，我们的目的只有一个：提高个人竞争力！所以，别把学习当成是为他人而学，否则在学习的过程中，感受到的就只有痛苦！

实力比学历更重要

一位清华大学校长留给毕业生的话是这样的：“未来的世界：方向比努力重要，能力比知识重要，健康比成绩重要，生活比文凭重要，情商比智商重要！”这句话，传达出了这样一个意思：学历虽好，但不是最重要的；唯有提升实力，才能取得成功。

清华的这个看似与一般大学不符的理念却恰恰说明：培养人才的杰出能力与实力才是硬道理！

有些老人们也经常忠告年轻人：“趁年轻学门手艺，学好了就一辈子都不愁。”现在看来，这种传统想法，并不适合现代社会。现代社会是多元化发展、知识呈现爆炸性增长的时代，无论是刚刚走出校门的毕业生，还是已经身在职场的白领们，都有一个共识——仅仅依靠在学校期间的知识积累，根本没办法保持自己的竞争优势，无论怎样的学历都只是一个“外壳”，我们要不断更新自己的知识，增强自己的实力，才能使自己跟上时代的步伐。

这一点，正如李嘉诚先生曾说过的那样：知识能够决定一个国家的富强和一个民族的提升。知识改变命运。可这命运的改变，不能只依靠学历这个外壳，更多的要靠自身的不断更新、不断学习，来给自己充电。

在工作中，学习是每一位职业人士的必修课，要想在当今竞争激烈的商业环境中胜出，要想在职场中取得骄人业绩，就要把工作视为学习的机会，在工作中不断提升自己。甚至，有时候我们不妨“偷师学艺”，例如匹克集团董事长许景南，正是通过这种方法，让自己的实力得到了迅速提升。

曾经来自乡下的穷小子许景南，靠拉板车为生，没有任何学历工作经验。靠着自己不断努力、不断学习，他累积了丰富的知识。

那个时候，他今天拉石头，明天拉砖头，后天拉木料，整天都与小板车打交道。不过在这个过程中，他通过观察与探索，将许多别人的技能逐渐纳为已有。每当把货运到工厂后，他就开始观察这些老板是如何“做”的，慢慢地，他就掌握了一些门道。

成名后的许景南说：“别小看那些过程，从‘你看着别人做’到‘别人看着你做’，首先就是要去学，去思考别人是怎么成功的。更为重要的是，想要打入别人的圈子，就必须‘偷师学艺’。”

后来，许景南跟一个矿主谈好，他用免费的劳动力换取锅炉烧掉的煤渣。每天他都把没烧完的煤拣出来，再用细灰去烧砖，纯渣用来做建筑隔离层，这样慢慢就形成了一条产业链的雏形。

“偷师”让许景南尝到了甜头，接下来，他又靠着这种方法，先后创办了包装厂、拖鞋厂、木箱厂、机砖厂等10多个企业，完成了资本的原始积累。那些工友、老板，都成了他的“成长老师”。在这些人身上，许景南学到了很多东西，这些看似微不足道的东西最终使他创造了闻名中外的品牌——匹克！

要想在社会上生存下来，我们就要学会“偷师学艺”的技能。年轻的我们要明白，社会不是学校，你很难再有坐进教室读书的机会，所以，你就必须利用各种手段进行知识储备。取各家之所长，在实践中不断学习、不断提升实力，这是我们必须学会的本领。试想，如果许景南没有如此，那么现在的他，也许依旧只能在某个工地拉着平板车，为一日三餐而拼搏。

这一点，其实所有成功人士都非常赞同。美国施乐公司的高级管理人员席尔克说过：“多参观比较，你就更能接受其他公司比你强的事实。没有一家公司是万能的，但如果你学习了全世界所有公司最好的一面，那你也会变成最棒的公司。"这其实就是告诉我们用"学力"积累实力的道理。

所以，已经走出或即将走出校园的你，坐在教室里学习的机会几乎已经没有，这就要求我们自觉学习，不断更新自我，发展自我。唯有如此，我们才能在与他人的竞争中占领先机！

让学习成为终身信仰

提到北大，我们就能想到“旁听”一词。华罗庚、沈从文、丁玲、成舍我、冯雪峰、柔石，等等，都曾在北大旁听学习过。

现今社会在知识经济的冲击下，商人都知道这样一句话：知识是成功商人最大的资本。尤其在知识经济时代，创新意识无处不在，新的产业部门将取代传统的产业部门，新的资源与新的资源配置方式也将风靡全球。知识和信息的拥有者、控制者将打破传统，成为新时代社会结构的核心和中坚力量，社会财富也必将为新的知识创新阶层所控制。

所以，想要成为新时代的控制者就必须学习，让学习成为我们的终身信仰，只有拥有了这个信仰，通过对各种新知识、新理念、新观念的学习，你才能保持开阔的思路，思想常新。

大凡成功的企业领导者，都具有很强的学习能力。不要以为这是在虚张声势、夸夸其谈，企业成长的速度取决于企业领导者的成长速度，而企业领导者的成长速度取决于企业领导者的学习能力。他的学习能力越强，企业发展也就越快。没有一个成功的领导者是天生异能，他们都是通过不断地向他人学习，弃其糟粕，吸其精华，最终才将自己的领导才能一步步完善。所谓“不积跬步，无以至千里”，便是这个意思。

在登封市，有一个名叫杨海龙的企业家。杨海龙高中毕业后，由于种种原因没能上大学。回到家里，他在哥哥开的罐头厂里上班。虽然生活可谓安居乐业，衣食无忧，但是杨海龙却不甘寂寞，他暗中发誓：以后要做一个挣大钱的生意人。

在哥哥的罐头厂里待了两年后，杨海龙南下深圳打工。他发现，当时城里房子越建越多，于是他萌发了做装修生意的念头。但由于没经验，又缺乏资金，他决定先去装修公司打工学习，同时也可积攒一些资金。后来通过不断打拼，他赚到了第一个20万，为以后的发展奠定了基础。接着，他远赴长春创办了自己的企业，挣到了第二个20万。

多年的创业，杨海龙挣了不少的钱，但他总觉得好像少了点什么。生意场上一次次刻骨铭心的经历让他找到了答案：文化知识不够！由于文化水平较低，表达能力不够，他在与他人竞争的过程中，有好几次生意都被别人抢走；由于文化水平较低，在同别人签合同时，他又吃了好几次的哑巴亏；有些人还总是在背后笑他的字像小学生一样，乱七八糟的！

杨海龙意识到自己的不足后，开始注重学习，通过自学、自费去高校，希望提高自己的文化知识。同时，他还做起了文化生意，主动与文化人打交道。对此，杨海龙毫不讳言：“我很喜欢与学校、与老师和学生打交道，与其他场合的生意人相比，这里的人很真诚。而且，经常和他们在一起，能学到很多东西，尤其是做人的道理。在我看来，这份学费交得很值，在以后的工作生活中我会不断努力地学习，用知识来完善自己”。

如今，杨海龙的事业已经越做越大，不过他依旧常说：“没文化挣钱太累，我只有活到老，学到老，才不至于被社会淘汰，才能在竞争中立于不败之地。”

在知识经济浪潮冲击下的今天，如果没有知识，特别是没有学习精神的人，想成功难如登天。虽然伟大的企业家没有几个是读书读出来的，但没有哪个企业家不会读书。

世界第一CEO、通用电气总裁杰克·韦尔奇说:“我们的公司是个了不起的组织,但是如果在未来不能适应时代的变化就将走向死亡。如果你想知道什么时候达到最佳模式,回答是永远不会!”正因为如此,“提高自身文化知识”,这成了近年来不少企业家都主动寻求的方向之一。

所以,遭遇事业瓶颈的你,更应该主动去学习文化知识,不要吝啬那点学费。要知道,想要做富翁都要先交学费。更何况,学习会让你更加充实,会让你看清未来的路,会让你的企业如高速列车一般,飞速地向前冲去!

敢于竞争，才能跻身群雄

胡适与钱穆都是知名学者，按理说双方平时讨论问题应当互相推让。然而，他们并非如此，而是展开了激烈的竞争。

有一段时间，对关于老子所处的年代及《老子》一书的时代问题，胡适和钱穆各执一词，存在分歧。胡适认为，老子是春秋晚期人，略早于孔子；钱穆认为，老子是战国时人，略早于韩非子。争论初期，由于钱穆的观点已先在出版的《中国哲学史》一书中言及，胡适虽然心里不认可，但采取按兵不动的做法。钱穆则经常主动起笔挑战，对此问题抓住不放。记得在一次教授会上，钱穆说："胡先生，《老子》年代要晚一点，证据确凿，你不要再坚持了。"

胡适一改常态，毫不示弱地应对："钱先生，你的证据对我没有说服力啊！假如能使我心服口服，我连我老子也不要了。"听到此，两人禁不住大笑不已。

尽管钱穆是经胡适提携进北大的，可为了追求学术真理，他们都具有批判的思维，都敢于竞争，而不是唯唯诺诺地不说话。一次简单的学术对话，让人们看到了两位大家的学术作风。

还有一次，胡适在给同学们讲课，提到了一本连他自己都不知道作者是谁的小说，他说："很遗憾，这本优秀的小说没有人知道他的作者是谁。"

就在胡适以为同学们不会做声时，突然一个同学站起来反驳道："我知道。"让胡适先生欣喜的是，这位同学还指出了"在什么丛书的什么书里有"

的详细情况。

对于这位学生，胡适不仅没有生气，反而赞扬了这名学生敢于“和老师竞争”的态度。正是这种提倡学术自由、提倡竞争的风格，使北大在学术研究的道路上走得越来越远。

实践证明，在有对手竞争的环境下，你的进步是最快的。试想，如果一个人生活感到很轻松，没什么压力，或者总是在做一些简单的事情，那么周而复始，年复一年，最终他什么也得不到。舒适的环境只能销蚀一个人渴望成功的意志，腐蚀一个人的斗志。商场也是一样，没有一个有挑战性的竞争对手，那么你的实力只能原地踏步，别人却飞速增长，结果你只能走向灭亡。

老虎为什么能够成为森林之王，很简单：它敢于竞争，不断地提升自己捕猎的实力。所以，已经踏入社会的你，也应像老虎那样敢于竞争，不断提升自身实力。甚至你还可以像那位学生一样，向“胡适”一样的强者挑战。敢于挑战，实际上就是给自己压力，自己给自己加压。在这个过程中，你会激发自身的无尽潜能，羽翼不断丰满，一步步走向成功，从而走向事业的巅峰。

杨刚强大学毕业没几年就成立了一家传媒公司，但身处西安这样的大都市，他并没有什么绝对的优势。几个月下来，他没赚多少，反而倒赔了数万元。几次都打算打退堂鼓的他最后静下心来，发现了自己的症结所在：潜在客户太少，现有客户要求不高，因此收入也寥寥无几。看到问题，杨刚强大胆做出改变，要与那些大公司一较高下！

他把自己的想法分享给朋友，朋友们都劝他不要如此疯狂，自己的公司刚刚成立，怎么与那些大公司竞争？也许报价这一关就过不去。到头来，自己的现有客户也流失了，那就是真的得不偿失了。但杨刚强并没有因此妥协，他主动寻找大客户，开始与大公司比拼。尽管这条路很难走，很多客户听到他的公司刚刚成立，都摇摇头回绝了，但杨刚强依旧没有放弃，仍然跑业务、找客户。

终于，功夫不负有心人，杨刚强利用一个极佳的创意和较低的报价，成功击败了众多传媒公司，取得了一个大型活动的策划项目。为此，他号召全体成员加班加点地忙碌。他说：“也许大家会觉得，这个任务很难，但是不要忘了，我们的目标就是要打造强势品牌！这个项目，是我们千辛万苦争取来的，这是我们的关键一役！”杨刚强的这番话，让所有成员鼓足了劲，决心与那些大公司一较高下。为此，公司连续半个月没有休息，每天工作到10点才下班，终于将这个项目完美完成！

这一次的成功，让杨刚强及全体员工筋疲力尽，但又非常满足。利用这个客户，他们接到了更多的大型项目，最终在西安站稳了脚跟。

如今，已经步入正轨的杨刚强信心满满地说：“挑战让我们有了现在的成绩，挑战让我们的实力突飞猛进！接下来，我们还要向北京的那些大公司挑战，打造一个属于我们的时代！”

倘若不敢竞争，在面临竞争时做缩头乌龟，那么此时的杨刚强，也许早已被那些大公司打垮。正是有了敢于和其他公司一较高下的勇气，杨刚强所率领的团队才能在短时间内迅速取得进步，实力得到大增。也许用不了多久，这家公司就会成为全国数一数二的文化传媒机构。

进取心有如汽车的马达，是个人一切行为的推动力，不论这些行为的直接效果如何，有了进取心就会有行动。否则面对竞争，你会不战而退，你会意志消沉。

当然，进取心不是与生俱来的，它与智商高低毫无关系，也与出身背景、家庭环境没有关联，与个人能力、教育程度等也无关系。进取心是一种发自内心的力量，让你不畏艰难挫折，勇往直前。失败者爱说“我但愿……”但成功者却说“我要，我一定行”！你，究竟是哪一种人呢？

敢于竞争，才能跻身群雄；敢于竞争，实力才能显著提高。当然，这不是一句空话，更不是一个口号，否则那只是吹弹可破的“纸老虎”；当然，我们不能盲目竞争，而是应当三思而后行。当你能够用智慧去竞争时，那么未来的天空一定会出现最美的色彩！

想要积极进取，就要激情一点

钱穆先生是江苏无锡人，幼年丧父，家境贫苦，中学毕业后即无力求学，以自学而成名家。自1912年始，他在无锡、厦门、苏州等地任小学、中学、师范教师，直到1930年经顾颉刚推荐，任燕京大学（曾经的北京著名院校，后与北京大学合并）讲师。20世纪40年代时，他还曾在清华大学教书，可以说是对北大、清华两校都很有影响的国学大师。

作为一代国学大师，钱穆与同时代其他思想家、学问家不同。他没有念过大学，非学院派；他没有留过洋，他非西洋派；他甚至比长期生活在文化政治中心的梁漱溟都不如。他来自中国社会最底层的乡村，是从乡土中完全靠自身的努力走出来的史学巨擘。

正是因为知道自己的条件不足，钱穆先生在中小学任教之余，利用一切时间博览群书，经、史、子、集无不涉猎，考据、训诂亦极嗜好。

可以说，对于学习，钱穆先生有着数不尽的激情。无论是吃饭、课间休息、上厕所都要看书，不分严寒与酷暑。夏天为防蚊叮，他学父亲把双足放在水中坚持夜读，又效仿古人刚日读经、柔日读史的方法；定于每日清晨必读经、子等难读之书，夜晚后开始读史书，中间上下午读一些闲杂书。

为了提高效率，他又学会了静坐。每天下午四点后，他必在寝室静坐，体悟到人生最大学问在求静虚心,这样才能排除杂念,专心攻读和思考。正是这种积极进取的心态,让他以一个卑微的身份,成为了优秀的国学大师。

世上有很多人,总是在埋怨自己的时运不济,没有伯乐,或者将失败的原因,归咎于没有贵人相助、资金准备不足。尤其是初出茅庐的年轻人,更容易陷入这种情绪之中。其实,他们不知道造成失败的主要原因是他们自己,他们不肯把全部精神贯注到工作中去,做起事来只是半睡半醒、毫无生气地动动手指罢了。

简而言之,没有激情,想要积极进取就是痴人说梦。

一个没有进取精神,对待工作没有丝毫激情,做事无精打采、拖泥带水、随随便便的人,怎么能成功呢?激情,成了这种人一辈子迈不过的"天险"。无法激活这个"武器",就不可能朝着自己的理想一步步靠近。

罗欢跟张勇大学毕业后进入了同一家游戏公司从事游戏制作的工作。由于找到一份和专业对口的工作不容易,所以两人都很想在这里实现自己的人生价值。他们不计得失,不分白天黑夜,尽可能完成手头的工作。

好景不长,在两个月后,原本踏实的张勇却产生了不平之感,对罗欢发牢骚说:"你说,我们这样拼死拼活地工作,工资却不动,我们这样做是为了什么?"

罗欢说:"我们刚来公司这么一点时间,可能老板还不了解我们。"

张勇说:"我们已经来了整整两个月了!公司就这么十几个人,有什么难了解的,他明明就是不想给我们涨工资!"

罗欢说:"没事的,咱们刚来,总有一天会好起来的!"

可惜,罗欢对张勇的安慰并没有起到什么明显的效果。转眼,又是几个月过去后,张勇对工作已经再没有激情了,他感觉自己即使工作不那么努力,得到的薪水却跟仍在努力苦干的罗欢一样多。他觉得在这里干好干坏一个样,如果在这里干下去,纯粹是浪费时间,就辞职不干了。

张勇到了另外一家游戏公司工作。但没过多久,他发现这里同样是一家干好干坏一个样的公司。于是，他再次选择了跳槽。

随后的几年里，张勇总是因此换公司。但是无论在哪里，他都感觉对工作没什么热情，干不了多久就无比厌倦。因此，没有一个老板愿意重视他，并付给他理想的工资。

然而当年毕业时和他一起进入同一家公司工作的罗欢，此时已经成为了一个重要部门的经理，手下管理好几十个员工，并即将进入公司的高层。

张勇的问题就在于"三分钟热度，不能持之以恒"。这就像走路走到一半就掉头而行，这样你永远也不能到达终点站。由此可见，我们不仅需要激情，更需要长久地保持激情。

不管一个公司的规模如何，员工的加薪和升职都有严格的制度，你做出了一点努力和付出，就想得到老板重用，这显然是不可能的。你的努力或许老板一经发现了，他可能对你已留意于心，一旦有某个合适的职位，即对你加以重用，马上就予以重用。你更应该明白你是新人，老板不会因为你而将某个主管无故赶走，把职位让给你。

所以，只有把工作的激情保持长一点，可能机会就在前面，你再努力一点，就到了机会的跟前。可是这个时候你半途而废，最终你只会与机会南辕北辙。这里，有两个"激情保持法"，可以让我们将激情持续燃烧下去：

那么，我们该如何做，才能将这份激情延续下去呢？

1.近朱者赤，像充满激情的人靠拢

一个人的精神状态是可以被感染的，所以，我们应当主动靠近那些充满激情的人，借助他人的力量点燃自己，让自己的激情如野火般蔓延。

史密斯是一家汽车修理公司经理。有一段时间，他发现员工们毫无斗志，每天都是垂头丧气，毫无工作激情。为了改变员工的这个态度，他主动走到员工中间，不断用昂扬的语言来鼓励员工们。他每天第一个到达公司，微笑着向陆续到来的员工们打招呼，把自己的工作一一排列在日程表上。他创立了与顾客联谊的讨论会，时常把自己的假期向后推迟……

渐渐地，史密斯发现，围绕在自己身边的员工越来越多，并且也越来越有斗志。年底，他负责的这个公司是集团旗下12个公司中效益最好的！一名员工在表彰会结束后找到了他，深切地说："谢谢你，正是你的一举一动，才又一次点燃了所有人的激情！"

近朱者赤，近墨者黑，想要让激情长久保持，那么你就要找到自己的榜样，让榜样的力量感染自己，使自己永不泄气！

2.奋斗目标长短结合

很多失败者之所以放弃激情，很大程度上是因为目标太过庞大，实现起来的难度较大。毕竟，永远看不到头的路，是很容易让人绝望的。

这个时候，我们不妨将奋斗目标长短结合，让自己不断体会成功的喜悦，保持那份进取之心。例如，一个需要五年才能实现的梦想，我们可以每一年给自己设定一个标准，达到这一点，就可以对自己犒劳一番，体会成功的快乐。给自己树立新的目标，就会有了新的方向、新的动力，这样自然能保持高涨的工作热情。

日本有一名推销员名叫山田，他有一个跻身于推销员专家行列的梦想。但是，无论他如何努力，这个梦想还是没能实现，甚至他还感觉梦想离他越来越远了！三年过去了，山田依旧如当初的那个样子。面对这样的窘境，山田曾经的欲望越来越低，甚至有了换个行业的冲动。

就在这时，一个一直看着他成长，并对他充满信心的前辈说："山田，你的愿望太过模糊，根本没有一个明确的方向，所以你自然会觉得欲望越来越低。你要让它明确起来，这样就会有实现的一天。"

听了前辈的建议，山田设定了新的目标，然后再逐渐增加，这里提高5%，那里提高10%，结果一年过去后，他的顾客增加了20%。这种方式，让他感受到了推销行业的乐趣与刺激性，于是他的欲望进一步提升。他有了新的目标：进入集团高层！

果然，三年后，山田已成为集团经理，管理着一个几百人的保险销售组。

他很庆幸，是前辈的建议使自己设立了一个明确的数字作为目标，这才让自己有了今天的成就。

总之要记得，没有激情，就没有创造成功的可能性；而激情不能持久，那么你的成功也会如烟花一般绚烂一时，很快便归于沉寂。只有激发体内的激情，同时将这份激情长久保持，你才能在人生之路上越走越远！

认清现实，"饭碗争夺战"已打响

"儿子不孝，找不到工作……不愿意成为家里的拖累……"这是2009年清华大学化工系研究生洪乾坤在福建泉州中营学院坠楼自杀身亡时留下的遗书。

那年，这则新闻让北大、清华的天之骄子们为之一惊：即使名牌大学毕业，想要找工作也很难。北京大学毕业的武小峰同样也有这样的感受。

2005年7月，武小锋顺利从北大毕业，获得了北大医学学士学位。早在毕业前，武小锋和其他同学一样，老早就把就业目标锁定在北京。大五实习时，武小锋在北大第一医院从事成本核算工作。遗憾的是，武小锋虽然表现良好，却未能留在实习的医院。

即便如此，武小锋依然对未来很乐观，"北大毕业找不到工作，这怎么可能?"可现实是残酷的，武小锋陆续跑了北京市多家卫生医疗单位，却因没有北京户口而未能如愿。为了留京，武小锋到一些小的医疗卫生单位求职，结果还是屡次遭拒。

2005年7月底，武小锋被迫离开北京回到老家。刚开始，武小锋把目标定在了老家的疾病防控中心，可一去打听，编制已满，不需进人。武小锋再退一步，把希望寄托在本市。最后还是以失败告终，就算他把要求一步一步地降低也没能摆脱失业的现实。

某个电影中有这样一个乞丐抢饭的片段:“这是我的饭碗，你不要抢!”“不!这是我的,你给我让开!”其实这不仅仅是乞丐抢饭碗的问题,这正是我们如今所面临的社会:刚刚踏入社会的学子们,就好像从一个和平安宁的世界,突然跳到一个优胜劣汰的角斗场。而学子们唯一的争斗对象就是:饭碗!饭碗!

那些还在悠然自得的毕业生们,赶紧醒醒吧,你们没有看到“饭碗争夺战”早已打响!在求职的路上,找不到工作的人越来越多,工作岗位的需求越来越高。所以,有人才如此说道:当你告别象牙塔的纯粹“饭碗”,你也随之走入了乞丐的行业。饭碗不止属于你,也不属于你的同辈。现在的你,还敢悠然自得、高枕无忧地面对未来吗?

倘若你还不相信,那么不妨看一看下面的数据:

相关调查显示，截至2010年6月25日,2010届本科毕业生签约率在42%,高职高专毕业生签约率为43%。当前,毕业生的就业情况仍处在波动期,但若和去年同期本科生和高职高专生的签约率相比,却仍分别高出了2个和10个百分点。

未签约的本科生和高职高专生中，分别有68%和62%的人表示找工作的压力很大。其中,从专业分类来看,准备找与自己所学专业相关工作的毕业生中,在本科生中的公共管理类(78%)和高职高专中的教育类(69%)感到压力大的比例最高。

面对这样严峻的就业形势，初出茅庐的年轻人不能够继续过着安逸的生活。温室里长不出参天大树,平静的湖面锻炼不出勇敢的水手,这些道理谁都明白。我们必须与同龄人开始竞争,否则就永远不能实现我们心中的梦想。

那么,我们该怎样抢占“饭碗争夺战”这个战局的先机呢?下面我们推荐几种方法给面临毕业的同学们参考:

1.内心揣杆秤,寻碗不求人

“虽然面临很大的压力,但在找工作时,学生心中还是应该要有一杆秤。给自己的工作设定标准是应该的,但是过高地预估自身情况,也是造成毕业生就业困难的原因。"一位职业咨询专家这样说。

如此看来，找机会并不是盲目地大海捞针，方法和诀窍十分重要。毕业生要懂得有的放矢地争取机会。比如网上求职时，就应尽量避开热门岗位。一些门槛较低、看似容易的工作，其实竞争指数很高。像行政、助理之类的职位，虽然需求量大，但平均一个职位有六七个人应聘。因此，先确定自己的职业方向，"跟风求职"绝对不是可取的方式。

2.与人比"勤快"，快人一步抢占先机

"笨鸟先飞"的道理众所周知，想要比同龄人先端到"饭碗"，那么我们就必须"笨鸟先飞"，尽量掌握先机。

我们面对的社会即是如此，它是一个充满变数并且竞争异常激烈的环境。早动手、早准备，也许只比其他人快一点点，但你就能在求职的路上掌握求职先机，不至于等到所有岗位都被其他人选走后，你才后悔莫及。

3.多积累经验，增强个人竞争力

假如现在的你还处于实习阶段，并且暂时也没有转正的机会，但我们也不要因此而伤心落寞、选择离开，而是应当想尽办法继续这份工作。毕竟，工资少点没关系，因为只要在这个岗位上，就能学到东西。即使以后真的留不下来，至少简历上的工作经历是一直连贯的，这对于找工作是非常有帮助的。

总而言之，"饭碗争夺战"的第一枪早已打响，你必须做好准备，积极迎接"战争"。当然，我们也不必被看似声势浩大的"烟尘"所蒙蔽，甚至吓倒，而是应当摆正心态、面对现实，手不低，眼不高，自然可以"拨开乌云见晴日"，从而一枝独秀，脱颖而出！

第 4 课

“心存远志，追求卓越”的远大抱负

没有梦想的人生，注定是惨淡灰白的。看看北大清华吧，即使是普通门卫，都渴望追求梦想，都愿意为了美好的明天而奋斗。也正是因为存在梦想，那些天之骄子把北大、清华当作自己的目标之一。也许，已经走出校园的我们不能再进入北大、清华去学习，但只要抓紧追求与抱负，我们同样可以成就一番卓越人生！

有梦想才有前进的动力

唯有拥有梦想，才能创造人生。在北大的百年风云中，所有的学者大师都是如此取得了辉煌的成就。有一位北大的学子，讲了一件让他动容的事情。这件事发生在医院里：

五官科病房里住进来一位鼻子不舒服的病人，在等待化验结果时，那位病人说，如果是癌症，他就立即去旅行，首先去拉萨。化验结果出来了，不出所料，他得的是鼻癌。

他为自己做了一系列计划后离开了医院，踏上了旅行的征程。

他的计划表是：去一趟拉萨和敦煌，从攀枝花坐船一直到长江口，到海南的三亚以椰子树为背景拍一张照片，在哈尔滨过一个冬天，从大连坐船到广西的北海，读完莎士比亚的所有作品，力争听一次瞎子阿炳原版的《二泉映月》，写一本书……这些梦想，足有27条之多。

他在这张生命的清单后面这么写道："我的一生有很多梦想，有的实现了，有的由于种种原因没有实现。现在我的时间不多了，为了不留遗憾地离开这个世界，我打算用生命的最后几年去实现剩下的这27个梦。"

为了追梦，他就辞掉了工作，毅然去往拉萨和敦煌。第二年，又以惊人的毅力通过了成人考试。这期间，他登上过天安门，去了内蒙古大草原，还在一户牧民家里住了一个星期。现在，这位朋友正在实现他写一本书的夙愿。

他说："我真的无法想象，要不是这场病，我的生命该是多么糟糕。是它提醒了我，去做自己想做的事，去实现自己想去实现的梦想。现在我才体会到什么是真正的生活和人生。"

在这个世界上，其实每个人都患有一种癌症——死亡。我们之所以没有像那位患鼻癌的人一样，列出一张生命的清单，抛开一切多余的东西去实现梦想，去做自己想做的事，是因为我们认为还可以活很久。然而也许正是这一点量上的差别，使我们的生命有了质的不同：有些人把梦想变成了现实，有些人把梦想带进了坟墓。

有句话说得好：心在哪里，路就在哪里。所谓的"心"正是理想。所有人都不要小看理想，因为一个人只有充满理想，才能有获得成功的决心和毅力。没有理想，一切的人生规划都无从谈起，就算一生奔波，在成功者眼里，你也只不过是一只可笑的四处乱撞的没头苍蝇罢了。因为，你所做的一切都是盲目而没有头绪的，这注定你在很多事情上只能半途而废、偃旗息鼓。

下面让我们先看这样一个哲理故事吧：

从前有位老汉，一辈子从事摆渡的工作。无论是严寒酷暑，还是刮风下雨，老汉周而复始，一趟趟往返于小岛和大陆之间。不过，老汉的小船跟别人的有点不一样，他的一只桨上刻着"工作"，在另一只桨上刻着"理想"。

一天，一个年轻细心的乘客发现了桨上的字，就好奇地向老人询问其中的含义。老人笑了笑说："我给你演示一下，你就明白了。"说着，老人丢下一只桨，用刻着"工作"那只桨划动小船，小船在水中转了一圈。然后，老人又捡起"理想"，丢下"工作"，继续划船，小船调了一个方向，仍旧在水中转了一个圈。

老人同时拿起"理想"和"工作"两只桨，一边划动小船，一边问年轻人，"这下你该知道了吧！"

年轻人想了想，意味深长地说："划船就如同人生，用'理想'和'工作'两只桨来划，你就能划到彼岸；如果丢掉其中的任何一只，你就只能永远在原地转圈，不得前进。”

事实上，这个年轻人悟出的道理，恰恰是很多年轻人所没有理解的，尤其是对于那些刚刚迈出校园的莘莘学子。现代社会竞争激烈，很多年轻人勉为其难地选择了一份工作，把当年心中那份理想抛到了九霄云外。再后来，在社会中混得久了，家庭、爱情、婚姻、事业等一系列的重担压在肩头，也就更加无暇去寻觅当年的理想了。最终，理想和我们分道扬镳，无处可寻。

没有理想，这对年轻人意味着什么？它意味着你将是一具没有灵魂的躯壳，犹如行尸走肉。为什么我们的父辈，如今看起来似乎没了什么“斗志”？原因和我们一样：他们在社会中混得久了，家庭、爱情、婚姻、事业等一系列的重担压在肩头，无暇去寻觅当年的理想了，因此碌碌无为、哀叹一生。

所以说，理想才是我们最宝贵的财富。因为，理想在现状与最终的成功之间架起了一道桥梁。这座桥虽然肉眼看不见，但却可以把你的心和成功若有若无地联系在一起。只有踏上这座桥，你才能一路走下去。

追随理想，你才能找到奋斗的方向

2011年末，有一则新闻引起了不小的轰动：北大保安甘相伟将在北大工作期间的所见、所感，整理成册，并计划出版。为什么，一个普通保安居然能够做出这样的举动？

来自湖北贫困山区的甘相伟2007年开始在北大担任保安，2008年他通过成人高考考入北大中文系。后来，他将在3年里写成的12万字文稿整理成册，起名为《行走在未名湖畔》。书中包括从"高中时代的彷徨"到"迷恋漂亮女生"，从"驻足博雅塔"到"留恋未名湖的风光"等，其中不乏他在北大做保安所经历的"保安故事"，以及人生感悟，文体有散文、评论、随笔等。

文学，一直都是甘相伟的梦。虽然只是一个普通保安，但是他却依旧没有忘记自己的梦想。他还主动要求北大校长为其写推荐信。

当北大校长周其凤得知此事后，立刻为其写了一封千字长信，对保安表示"钦佩"。在信中，周其凤如此写道："我难得被人要求写推荐文章，自己也不敢写。理由很简单：我是学化学的，文笔不好，今年写了一首'化学是你，化学是我'，满世界都知道我文笔不好，就更没有人要我写东西了。我很自得，这符合我的惰性。"

周其凤校长还说："当在我校担任保安工作的甘相伟同志来信要我给他

写几句推荐话时，我答应了，而且很乐意。对于北大，保安工作非常重要，不夸张地说，没有好的保安工作，就没有良好的教学科研环境。我对我校的保安同志是抱着感恩的心情的，这是第一。第二，北大的保安同志多半来自农村，我也是从农村走进北大的，和他们有着天然的亲近感。一个保安员，在辛苦的工作之余，能够充分利用北大良好的学习资源，努力学习，提高自己。这样的精神让我钦佩。这是第三。”

最后，周其凤校长郑重地说：“甘相伟是个聪明人。我不止一次说过，最聪明的学生应该是那些能够最大限度地利用北大资源武装、提高自己的学生。北大的资源用之不竭，学生用得越多，北大就越好，越富有，越高兴。甘相伟将这方面的智慧简直发挥到了极致，这是特别值得北大学生学习和效法的。”

对于周其凤校长的赞美，甘相伟感动地说：“我想就这样一直平淡地过下去，不考虑名利，专注于当代文学研究。”话语恳切而又坚定，他还补充：“大家可以监督，我一定能够在10年后写出更好的文章。”他，已经找到了奋斗的方向。

有句话说得好：心在哪里，路就在哪里。所谓的“心”，正是理想。一个普通的保安都能够做出如此惊人之举，身为年轻有为的你，为什么要在理想面前低头？

无论你是刚走出校门的年轻人，还是早已创业的企业家，请不要小看理想的作用。因为一个人只有充满理想，才能获得成功的决心和毅力。没有理想，一切的人生规划都无从谈起，就算一生奔波，在成功者眼里，你也只不过是一只可笑的四处乱撞的没头苍蝇罢了。因为，你的一切都是盲目的，这注定你在很多事情上只能半途而废、偃旗息鼓。

让我们再看这样一个哲理故事吧：

周朝时，有个老人在路上哭泣，有人问其原因，他回答说：“我年轻时得到礼乐教化的成就，可是君主喜欢任用饱读诗书的老成之人。待我读书有成后，君主死去了，后主偏爱兵法。待到我学成兵法之时，那个后主又死去了，而新君主喜好任用有朝气的少年人，可是我年岁已经老了。就这样，我一生都不曾得到过重用。”

其实，这位老人正是如今很多年轻人的心态写照。因为，他们从来不知道自己究竟为了什么而奋斗，当自己好不容易接近理想，但回头看自己又被理想抛弃了，所有的“理想”，不过都是虚无缥缈的，很容易被击碎。

有一份来自世界著名大学——美国耶鲁大学的跟踪调查报告，更说明了理想的重要性：

有一年，耶鲁大学的研究人员任意选定了一个班的学生作为调查对象，并向全体学生提出了一个简单的问题：“你们对未来有具体的理想和规划吗？”

听到这样的问题，有的学生很干脆，立刻说出了对未来的想法；有的学生很茫然，因为他们平时就很少想自己将来会干什么；有的学生则很犹豫，他们似乎有理想，但又说不出来是什么。

很快，调查数据统计完毕：只有10%的学生确认自己有明确的理想。对此，研究人员未做出评论，而是接着提出了一个要求：“既然有具体的志向，那么能否将它写在纸上呢？”那些明确表示自己有目标的学生很快将他们的志向写了下来。

几天后，报告出来了。据研究人员的统计，这些充满理想的学生中，只有4%的学生的目标是真正具体、可操作的。

一晃20年过去了，研究人员追访了当年接受调查的学生，为此他们几乎跑遍了全世界。不过他们仍然觉得这样做很值得，因为追访的结果显示，当年白纸黑字地把自己的人生理想写下来的那些人，无论是在事业上还是在生活的水平上都远远超出了那些没有写下理想的人。另外，还有一份附加的统计显示，那目标最明确的4%的人所掌握的财富，竟然超过了其他96%的人的总和！

这份调查报告，就为我们揭示出了这样一个道理：“唯有立志者，方能成大事。”当一个人一旦立志思考人生，并努力尝试去实现自己的理想时，他对事物的看法就会有惊人的改变。所以说，只有胸怀“鸿鹄之志”，才能有巨大的动力、坚忍的意志，个人的天才与禀赋才能得到最大限度的发挥。

现在，你还会小看理想的作用吗？记住卡耐基的一句话吧：“志向是踏入事业的大门，勤于工作是登堂入室的旅程，这旅程的尽头就有成功在等待着你。因此，立下远大志向是事业成功的前提和第一关键。朝着一定目标走去是‘志’，一鼓作气中途不停止是‘气’，两者合起来就是志气。一切事业的成败，都取决于此。”

如果你是一个对未来充满渴望的人，那么，就请你努力地向梦想飞去。只要坚持下去，你就会拥有一份开朗的心情、一份必胜的信心、一份坦荡的胸怀。一星陨落，黯淡罩不住整个星空的灿烂；一花凋零，荒芜挡不了整个春天的景色。抓住梦想走下去，你就能创造人生的辉煌！

不相信自己，就别奢望奇迹

“从高一的自暴自弃到高三的奋发图强，自信给了我很大的力量。”这是一北大学生回忆高中生活时说的话。

高一的时候，每次考试他在班上排名都中等偏下，最差的一次是班上倒数第三名。久而久之，他对自己失去了信心，变得自暴自弃，认为自己比不上别人。然而，高二的一次化学竞赛成了他人生的转折点，让他从原先自暴自弃的生活走出来。

为什么他能获奖？这简直就是一次奇迹：他偏科严重，只有化学比较优秀。然而因为长期成绩不佳，渐渐地他对化学也失去了信心。

就在那次化学考试前的一个星期，他看了一部名叫《风雨哈佛路》的电影。这部电影，讲述了一个感人的故事：生长在纽约的女孩莉斯，从小生活在恶劣的环境中。她的父母吸毒，周围的人也都是得过且过。小小年纪的她经历了人生的艰辛和辛酸，但却没有丝毫抱怨，也没有就此沉沦。她始终相信，自己可以改变一切。最终，这个贫苦的女孩用乐观的心态和顽强的毅力改写了自己的人生，梦寐以求的哈佛大学向她敞开了双臂，她用自己亲身的经历告诉世人：人生其实可以改变。

这部电影，让这个男孩热泪盈眶。他对自己说：“为什么我不是莉斯？难道我就没有契机,去改变自己的命运吗?为什么我对自己没有一点信心?我一定要努力!反正这次考试只是一次化学竞赛,没有其他科目不至于拉总分,那么我干脆拼一把好了!”

带着这样的情绪,他投入了紧张的复习中。也许是忘记了其他科目的差劲,他在考试中发挥得异常出色,最终获得了第三名。那次获奖使其自信,他对自己说:“既然能拿到化学竞赛三等奖,那么自己在其他科目上一定也能赶上来!”

有了自信,他读起书来更勤奋,慢慢地把以前落下的功课都补了上来。“在学习中,坚持和积累这两点很重要。”掌握了学习的方法后,他觉得学习轻松多了,最终在高考中脱颖而出,跨进了北大的校门。

这个北大学生的故事告诉我们:人生的舞台不会永远写着失败。正因为此,有人说:只要有信心,你终归会成为一个优秀的成功者。不可否认,现实中的我们都有这样或者那样的缺点,但是,能不能在竞争中脱颖而出,还要看你是不是有信心展示自己。只要敢于挑战,坚信自己能成功,那么奇迹之门就会为你打开。

看看最近异常火热的林书豪吧。正是凭借着自信,他创造了NBA赛场上的奇迹。

NBA华裔球员林书豪近期非常受关注,美国时间2012年2月14日情人节“绝杀”,更是让他风光无限。当日,林书豪和他所在球队纽约尼克斯队远征加拿大多伦多,严寒的天气和主队多伦多猛龙队在那里等着他们。林书豪的这场比赛最主要对手将是猛龙队的控球后卫,来自西班牙的经验丰富的老将何塞·卡尔德隆。

正如丹东尼教练赛前预料的那样,比赛的进程并不顺利。猛龙队开场就取得了领先,尼克斯队在大多数的时间里只能苦苦地追赶比分。终于,在林书豪的带领下,在距离全场比赛只剩20秒的时候,尼克斯队将比分追至87:87平,这就意味着之前47分40秒的比赛都已经成为了并不重要的过去式。不过重要的是，尼克斯队在此时握有控球权，也就是说，他们手中握有绝杀比赛的机会。

关键时刻，丹东尼教练请求了全场比赛的最后一次暂停，以便布置最后一次进攻的战术。就在这时，表情平静的林书豪走向了丹东尼教练，冷静地说：“请将最后一投的机会交给我，我不需要掩护，只需要队友们帮我拉开空间，我来和卡尔德隆一对一。”

众所周知，每一场比分胶着比赛的最后时刻，都是巨星们互相角力的舞台，但林书豪却很有自信，自己也是那颗最闪亮的明星。只见林书豪中场拿球，谨慎地运球并用余光观察着飞速跳动的计时器：20秒，10秒，5秒……林书豪飞快地启动，卡尔德隆恰到好处地卡在了林书豪冲向篮筐的必经之路上。

就在这时，林书豪并没有选择使用自己最擅长的带球突破，而是在三分线处急停，身体蓦地弹起，篮球旋转着，长虹贯日一般射穿了篮网！90:87！比赛还剩下0.5秒，尼克斯队赢定了！

而此时此刻，林书豪的表现却迥异于科比的冷酷，在他的脸上，我们看到的是坚如磐石的自信。这个还远远算不上是超级球星的小伙子始终相信自己可以搞定比赛，可以投进那个至关重要的绝杀球。充满自信地要球，充满自信地绝杀，这并不是上帝的剧本，而是林书豪所创造的奇迹。

自信能够创造奇迹，自信是根神奇的魔棒，这正是林书豪告诉我们的。的确，一旦你真正在心中建立了自信，你将发现你整个人都会为之改变：气质会更优秀，能力会更强，做事会更有力量和勇气。只要相信自己，你也可以创造林书豪式的奇迹！

很多时候，我们遇到不可能办到的事情就会说“除非太阳从西边出来”；一遇到有困难的事情，总是认为“难于上青天”。但如果所有人都抱着这样的想法，那么这个世界就不会有如今飞速发达的科技、翱翔太空的飞船。世上本没有不可能的事，就看你是否有自信完成。意识的力量是无穷无尽的，学会控制自己的意识，就学会了如何掌握生命的节奏。

风靡全球的V8福特汽车，在诞生时却颇费周折。当时，汽车大王福特要求工程师们在一个引擎上铸造8个完整的汽缸，那群目瞪口呆的工程师们一起反驳："这是不可能的事啊！"

福特看着摇头的工程师，不作辩解，说："尽管大胆去做，不管花费多少时间，你们都要把任务完成。"

这些工程师没得选择，只好照着老板的命令硬着头皮去做。半年后，工作毫无进展。年底时，工程师们沮丧地告诉老板：这个要求无法完成。

"继续做，"福特不急不躁地说，"我就是需要这种车子，我一定要得到它。"

工程师们只能再做进一步研究。过了一段时间，他们好像突然被一股"神秘的力量"击中，找到了制造V8型汽车的关键窍门，问题也就迎刃而解了。就这样，V8诞生了。

如果没有福特的自信与坚持，也许就没有V8的驰名全球。所以在生活与工作中，改变命运，不为群体意识所绊，不被"不可能"这类词汇难倒，常常是"极少数人"的思想和行为。一件件曾被认为"不可能"的事在他们手中变为可能，靠的就是自信和坚持。

所有的伟大人物，都因为这个共同的特征而同属于一个"家族"。只有自信，才能让我们感觉到自己同样蕴藏着巨大的能力；只有自信，才能让我们跻身伟大人物的行列。而那些软弱无力、犹豫不决、凡事总是指望别人的人，永远体会不到成功的喜悦，以及成为重要人物时的成就感。

别把希望寄托在别人的身上

陈先生在北大毕业后去了美国，在那里组建了自己的家庭，20年后回国后，他谈起在美国的一段经历：

为了让16岁的儿子能够真正成才，他狠下心来，把儿子送到一所远离住家却十分有名的学校去念书。那个稚气未脱的小伙子每天都需要转三站公共汽车，换乘两次地铁，穿越纽约市区最豪华和最肮脏的两个街区，历时三个多小时。

众所周知，纽约的地铁又是世界上最乱最不安全的地方之一，几乎每天都会有抢劫、强奸，甚至杀人的事件发生。为什么这位父亲要让自己的儿子放着附近的高中不读，却冒着那么大的风险，整天奔波于那危险的路途呢？

陈先生一方面固然是为儿子考上了世界的名校，另一方面更是由于他独立生存的观念使然。在美国，16岁的孩子应该具有独立人格和精神。陈先生始终认为：在人生的旅途上，每个人都要经历这一关，都要穿越这样的危险地带，否则就很难在这错综复杂、险象环生的环境中生存。

这一点，正如他在北大的那些时光。尽管在校园里，他有人身安全，但每一个选题、每一项任务，如果自己不敢去挑战，而是等着导师或同学的帮助，那么他就不能顺利从北大毕业。“独立自我”，这是北大的一种精神，现在他要传给儿子。

陈先生告诉儿子说:“人生的道路是危险的,因为人生只有去,没有回,是一条只能走一次的路,而每一步跨出去的都是自己不熟悉的道路,若一步稍有不慎,你的整个人生都将遭到打击或挫折。”

后来,陈先生还给儿子郑重其事地写了一封信。在信里,他如此说道:“年轻人,你渐渐会发现,当你个人独行的时候,会变得格外聪明,当你离开父母的时候,你才会知道父亲是对的。”

现在80后、90后的年轻一代大多是独生子女,几乎被父母照顾得无微不至。从出生到成长的每一步,他们都被父母安排好了,依赖已经成为他们下意识的习惯。所以有人说,独生子女的一代,是软弱的一代,是经不起风吹雨打的一代,是只懂得享受、没有开拓精神和创造精神的一代。当面临风雨时,他们会做的就是三个字:等、靠、要。

也许,你正是这样一位独生子女。那么,你能适应快速发展的社会吗?没有人再给你洗衣做饭,没有人再对你呵护备至,没有人再为你遮风挡雨,你能承受现实的残酷和压力吗?

相信很多人的回答,都是否定的。所以,我们就更应该具有自强不息的独立意识,凡事靠自己,断绝依赖他人的念头。生活中如此,工作中亦是如此,总想依靠别人,到头来你会发现:原来绝路已经包围了自己。

何璐是一个勤奋、踏实,又善于学习的好姑娘。初来公司时,她得心应手,和同事们相处得很好。

这天,公司来了一位新同事,那是个叫穆新凡的女孩。这个女孩待人热情、能说会道,同事们都很喜欢她,尤其是和何璐很能谈得来,两人很快就成了好姐妹。因为穆新凡刚刚毕业,工作经验有限,再加上有什么问题不喜欢自己想办法解决,总是觉得求助于他人更方便,因此很多问题都请教何璐。

“何璐姐,你快过来看看,这个WORD怎么打不出特殊符号!”“何璐姐,这个图是什么意思?我不太明白”……每天,穆新凡的求助呼喊都会响彻公司。而好脾气的何璐也是乐此不疲，有问必答，帮她解决了不少问题。

但这样的情况持续的时间一长，何璐有点吃不消了，心理直犯嘀咕：“她也不能什么事都问我啊，也得学会自己独立解决问题，再说，我也有自己的工作啊。”她不明白，这个小姑娘怎么有那么多问题，到底是她在工作，还是我在帮她工作？难的问题问别人，简单的问题也问，自己一点都不动脑子，不主动去解决问题，总依赖别人怎么行呢？

在穆新凡的干扰下，何璐自己的工作效率也越来越低，常常不能按时完成工作。她开始有意回避穆新凡的求助。然而，穆新凡已经习惯了何璐的帮助，总是一而再、再而三地央求她。这让何璐感到很为难，不帮吧，面子上过不去，穆新凡的工作也做不完；帮她吧，又耽搁了自己的事情。

刚好这个时候，另一家公司在招聘，为了摆脱这种状况，何璐选择了跳槽。

后来，听原来公司的同事说，在何璐离职后不久，穆新凡也离开了公司。因为何璐走了之后，再也没有人那么好地帮她解决各种问题，她自然无法完成领导交代的工作，常常遭到领导的批评，因此被劝退离开了公司。

不懂就问，这是良好的学习品质。但是，当自己不思考、不学习、过分依赖别人的时候，你反而丧失了学习的机会，最终无法在这个社会生存。

其实，那些依赖性过强的人，都会有这样几个共同的习惯：没有信心，总觉得自己做什么都不行；没有主见，遇到问题自己拿不定主意；优柔寡断，遇到困难总是希望别人来帮助解决；甚至看到别人成功心生忌妒，总是认为别人比自己更幸运，比自己更聪明，却没有意识到自己不独立才是难以取得成功的重要原因。

一个人一旦具有这种依赖心理，如果不及时地做出调整，久而久之便有可能形成依赖性人格障碍。这种人倘若独立生活，会难以适应社会，他们内心缺乏安全感，会时常感到恐惧、焦虑、担心，甚至会患上抑郁症。这样的人，又谈何取得辉煌的成功呢？

你的抱负，不应只是赚钱这么简单

张国强，这是一个来自河南的打工仔，在北京大学保安大队当副大队长。然而，这个看似普通的小伙子，却有着让人刮目相看的抱负。

“曾经有人对我说过，为什么不找个更挣钱的地方，而是固执地选择在北大做保安？我说，在这里我能感受到学习的氛围。学习对我的工作有非常大的促进，我在这里做保安工作不仅仅是为了赚钱，我要拿更多的时间来学习，做更多的事情。”

与甘相伟一样，这位北大的普通保安，同样利用北大的环境，不断地进行学习。他说：“刚来北大任保安的时候，如果谁叫我‘保安’，我心里感觉很不好，这是自卑的心理在作怪。但在 1997 年开始学习以后，我整个人的态度都发生了变化，自信也开始增加，从班长到中队长再到今天很多人都知道有一个叫张国强的北大保安队副大队长，我对保安的工作有了深入的理解。”

1997 年至 2005 年，好学的张国强在保安工作之余，取得了清华大学法学院本科、中央党校经济管理本科、北京大学法律专科三个学历。在他看来，学到的知识，远比赚到的钱要更重要！

试想，倘若张国强走进北大就是为了赚那一点有限的薪水，那么现在的他，一定还是个默默无闻的保安。所以说，如果我们想要追求最纯粹的理想，首先就要做到一点——避开赚钱的念头。这样，我们才算迈开了走向成功的第一步。

其实，这个道理很简单：倘若我们只把工资的多少当做人生目的，又怎么能看到工资背后的成长机会？一旦走到那一步，你就将无暇留意工作中的点点滴滴，感受不到自身的进步，从而无法胜任更有价值的工作。

所以，在我们年轻之时，不要单纯地只是为了钱而工作。否则，你就会被钱蒙蔽了双眼，永远也不懂得自己真正需要的是什么，永远也发现不了自己真正存在的价值。所谓"钻到钱眼里"，并不是指贪财，而是因为钱，没有留意到还有更大的抱负需要我们去追求。

赚钱是没有止境的。听听西蒙·波伏瓦是怎么说的："不可过分追逐金钱，金钱本身给你带来不了什么；追逐金钱，会给人一种为了活着而活着的感觉。为活着而活着是一种原始的生活，是文明的现代人所不能容忍的。"

这，就是对所有年轻人最大的警告。那些伟大的人物，没有一个是把赚钱当做唯一理想的。被誉为"钢铁大王"的安德鲁·卡内基在33岁时，就创造出了美国最大的钢铁公司，那一年他在自己的备忘录中写道："人生必须有目标，而赚钱是最坏的目标。没有一种偶像崇拜比崇拜财富更坏的了。"

下面是美国著名企业家查理·斯瓦布先生的故事，会让你更加明白这个道理。

查理·斯瓦布从小家境贫寒，只上过几年小学。他15岁的时候，为家乡的一家富户赶马车来减轻家里的负担。到了17岁，他找到了人生中第一份正式的工作，不过这份工作薪水每周只有1.5美元，还没他当马夫赚的一半多。

然而，微薄的薪水却没有让斯瓦布感到难过。在他看来，这份工作可以让他学习到很多东西，可以让他离开那个贫穷的山村。在做这份工作期间，斯瓦布每时每刻都在寻找机会。

有一年，卡内基钢铁公司来他所工作的地方招聘工人。看准机会的他，顺利成为了卡内基钢铁公司的工人。而他的工资，也随之涨到了日薪1美元。他努力地工作、不断地学习，半年后升任为技师，后来又升级为总工程师，此时，斯瓦布的工资已经达到了每月数百美元。5年后，他一飞冲天，成为卡内基钢铁公司的总经理。到了他正式参加工作的第22个年头，39岁的斯瓦布一跃成为全美钢铁公司的总经理，年薪8万美元。

斯瓦布的故事告诉我们，如果一个人把能力放在第一位，薪水的上涨自然是水到渠成的事。

许多成功人士的一生跌宕起伏，有攀上顶峰的兴奋，也有坠落谷底的失意。但是，他们绝不会因为工资的多寡而整日闷闷不乐。原因何在？是因为有一种永远不会丢失的东西在伴随着他们，那就是能力。

无论我们现在获得多少金钱，只要我们没有能力，金钱、事业就会抛弃我们。但是，只要我们能力达到了一定的高度，使我们可以胜任更高级的工作，那时候金钱自然不请自来！

保持本色,你是独特的自己

1948 年,北京大学任教的朱光潜先生,在《给青年的第十三封信》里这样写道:"我所说的话都是你所能了解的,但是我不敢勉强你全盘接受。这是一种思路,你应该趁着这条路自己去想。一切事物都有几种看法,我所说的只是一种看法,你不妨有你自己的看法。"

这封谈及"美"的信一经发表,引起了广大青年的轰动,全国各地的莘莘学子都来信向朱光潜先生讨教,而问得最多的不是有关美学的问题,而是以下这段话。

"为什么说青年人要有自己的看法?"

"青年人要怎样拥有自己的看法?"

"有自己的看法,是否就是在否定传统观念?"

"有自己的看法,是否就是特立独行?"

一时间,众说纷纭,青年们围绕这个问题争论不休。

朱光潜先生说,任何事物都有几种看法,年轻人要有自己的看法。其实,不只是年轻人,每个人都应该有自己的看法。有思想,有主见,能时刻保持住自己的本色,这样的人生才是独一无二的,才是自己的人生。

生活在这个世界上,每个人都是独一无二的,以前从来没有出现过,将来也不会出现，直到遥远的未来，也不会有另一个完完全全一样的你再出现。现代遗传学也已经证实了这一观点，你之所以能成为你而不是别人，是由你父母亲各23条染色体决定的，是由千万百万个不断变化着的遗传因子决定的。这种概率不是人为可以模仿和改变的，因此，我们每一个人都应该庆幸自己的独特存在。

然而，生活中，我们却时常忘记了自己的独特性，而去刻意模仿那些所谓的“偶像”和成功人士，结果在这个过程中逐渐迷失了自我，丢失了方向。爱默生在他的散文《论自信》中所说：“每一个人在他的教育过程中，一定会在某个时期发现，羡慕就是无知，模仿就是自杀。不论好坏，他都必须保持自己的本色。虽然广袤的宇宙间全是美好的东西，但除非他耕耘那一块属于自己的土地，否则他绝不会有什么好收成。他所有的能力是自然界的一种新能力，除他之外没有人知道他能做些什么，他能知道些什么，而这些都必须靠他自己去尝试求取。”

羡慕就是无知，模仿就是在毁灭自我。的确如此，年轻人在成长过程中，应该最值得骄傲的不是最后能取得多大的成就，也不是自己像某个成功人士一样取得了成功，而是是否发现了自己，并保持了自己的本色。

一个小女孩，天生一副金嗓子，人人都夸赞她歌儿唱得像黄莺一样美妙动听。于是，小女孩第一次有了梦想，她要成为一名歌唱家。为此，她付出了沉重的代价，当她终于有机会在众人面前一展歌喉时，她却突然发现自己长着一张丑陋的脸。女孩的脸很长，嘴又很大，稍微动动嘴唇就露出一排大龅牙。看着镜子里长着大嘴的丑陋的自己，女孩伤心极了，她想一定要在台上遮住这一口难看的龅牙。

终于到了上台演出的那一天，面对底下一排排的观众，女孩表现得极其不自然。她一直试图把上嘴唇拉下来，以盖住自己的牙齿，结果却适得其反，歌唱得一塌糊涂，自己也出尽了洋相。

下台后，女孩认为自己一定没希望了。可没想到第二天，就有一家唱片公司打来电话，邀她面试。那人在听了女孩歌声后，对她说：“昨天我就注意到你的表现，我明白你是在掩藏自己。”说着那人指了指她的牙齿，然后接着说，“其实，我想说的是，长了一嘴龅牙并不是什么难为情的事。你不必为了掩藏它而失去了自己的本色。”

女孩听了尴尬极了，但她还是耐心把话听完了。那人接着说：“如果你愿意勇敢地张开你的嘴的话，我想我能为你出一张唱片。也许你的牙齿会给你带来好运也说不定呢？”

女孩接受了对方的忠告，当她的第一张唱片问世后，她立刻一夜成名，成为整个美国最抢手的歌星。从那以后，女孩到哪儿都张大嘴巴，热情地欢唱，很多歌迷都刻意模仿她的模样和歌喉。

女孩保持住了自己的本色，因此成就了独特的自己，否则她可能还是芸芸众生里最普通平凡的一员。

生活的环境是复杂的，有好有坏，有走运的时候也有倒霉的时候，但只要做到了保持本色，坚持住了你独特的个性，便不难发现一切都是如此简单。别人怎样看待你那是别人的想法，最重要的是自己要懂得欣赏自己。我就是我，没有人可以取而代之，我虽然不够完美，但至少还是独一无二的。

很多时候，我们因为自己不够好而希望自己成为别人，于是总过分压抑自己，这就让我们迈向另一条岔路。一步错，步步错，人生的负担你想有多重就有多重，直到最后你被压得喘不过气来。既然如此，何不保持本色，简单而快乐地活出自己的精彩呢？

每当我们在选择的岔路上迷失方向时，不妨想一想朱光潜先生那段简单而又朴实的话语，给自己上一堂人生哲学课，而不要一味地沉迷歧路，把自己埋没在错误的苦恼和负担里。莎士比亚在《哈姆雷特》中，借宰相波洛涅斯之口这样说道：“最最重要的是忠于你自己。你只要遵守这一条，剩下的就是等待黑夜与白昼的交替，万物自然地流逝；倘若果真有必要忠于他人，也不过是不得不那样去做。”

每个人只有好好耕耘自己的那块土地，才能得到满意的收成。要知道，自然界赋予每一个人的都是不相同的能力，除了你自己之外，没有人知道你能做什么。

把理想落实在实际行动上

作为中国著名的历史学家、宗教史学家、教育家，陈垣是北大历史上一位非常受尊敬的教授。年轻时，陈垣是个与时俱进的青年，深受孙中山先生领导的民主革命影响。为此，他和几位青年志士在广州创办了《时事画报》，以文学、图画做武器进行反帝反清斗争。

后来，由于政局混乱，陈垣放弃了武装革命的想法，在北大潜心任教。在文史方面做出一番成就，这是陈垣教授的最大的理想。不同于其他史学教授，陈垣教授绝不仅仅依靠教义去讲课，而是不断深挖历史上的真相。陈垣讲课时，先将二十五史从头讲起，把所有有关的事件一一交代清楚，尤其注意前人的错误。

陈垣的学生在多年后，依旧对他的教学充满了深刻的印象："在他眼里，前人的错误不知怎么那么多，就像他是一架显微镜，没有一点纤尘逃得过他的眼睛。不，他竟是一架特制的显微镜，专挑错误的……他的嘴相当厉害，对于错误的学者批评得一点也不留情。"

正是将理想落实在了实际行动上，陈垣先生在学术领域留下了诸多宝贵的遗产。特别是他的宗教史研究范围十分广泛，对已消亡的外来宗教，如火祆教、摩尼教、一赐乐业教做过专门研究；也就佛教、基督教、伊斯兰教等世界三大宗教在中国的兴起和流传写过不少论著；对中国本土的道教，也撰有专著。

陈垣先生的事迹告诉我们：无论在什么领域想要取得成功，光想不做是远远不够的。

然而，看看我们的现实吧：在这个被物欲横流所充斥的时代，有一大批一大批的空想家随之诞生。空想家幻想着什么时候才能拥有公司，什么时候才能富甲一方……他们总是这样凭空幻想，却从不动手朝着目标奋斗。像这样只会凭空幻想的人，又怎么能获得成功呢？

每个人都应该懂得，“理想+行动=成功”这个方式。只有下定决心，历经学习、奋斗、成长这些过程，才有资格摘下成功的甜美果实。否则，你永远只能去做白日梦。

从前，有一群生活在富翁家的老鼠，一直生活得无忧无虑。因为，富翁家的粮食堆积如山，还经常浪费。

突然有一天，富翁的家里多了一只擅捕老鼠的猫。这只猫是天生的捕鼠专家，来了才几个月，老鼠的众多同胞都进了猫肚。

对于老鼠来说，这只猫简直就是制造灾难的魔鬼。如果不想出一个办法，不仅以后日子根本没法过，鼠群被灭的日子也不远了。就这样，群鼠大会开始了。大会热烈地进行着，但老鼠们只是闲扯家常，一只上了年纪的老鼠说：“现在是说笑的时候吗？如果不赶紧想出一个办法来，我们以后的日子就会很难度过。”

所有的老鼠都不想被猫锐利的牙齿咬断喉咙、吸干血液，于是都赶紧闭上了嘴，安静地想着怎么对付猫的办法。

最后，有一只老鼠想出一个妙招：在猫睡觉时，在它的脖子上挂一个铃铛，只要猫一出现在它们附近，铃铛就会响，那么老鼠就可以乘机逃回洞里面去。所有的老鼠都同意这个办法，还纷纷称赞想出办法的这只老鼠是多么聪明。

这时，一只老鼠胆怯地说："那么谁去完成这个任务？"热烈的会场，立刻寂静无声了。没有人回答，因为没有一只老鼠愿意那样做。后来，这群老鼠还是被猫吃光了。

老鼠已经有了梦想，并有了实现梦想的办法，可没有老鼠敢去行动、尝试，因此它们的下场自然是覆灭。所以说，幻想和空谈都不能解决问题，想出一个好主意容易，并实现了它，才能体现出想法的价值，否则一切只是纸上谈兵。

我们每个人都有自己的理想，但想以"守株待兔"的方式等着理想去实现，那无异于盼天上掉馅饼。许多人在步入中年后仍是碌碌无为，不是因为他们年轻时没理想，只是他们对理想，要么处于长期犹豫之中，迟迟不能为实现理想做出具体行动；要么碰到一点困难就退缩，想放弃。

无论你拥有多么美好的理想与目标，如果不能尽快地付诸行动，最终只能像故事中的老鼠一样，理想不仅没有实现，还可能让自己陷入危机。所以说，"行动比心动更重要"。

很多人都知道，美国著名作家亚历克斯·哈利曾经是美国海岸警卫队的一名厨师。在做厨师的那几年，只要一有空闲，他就会帮助同事们代写情书。过了一段时间后，他发现自己已经无法离开写作了。

此时，他有了一个伟大的梦想：成为一名作家，并且用两到三年的时间写一部长篇小说。为了实现心中的梦想，他开始了积极的行动。每天晚上，他不是在别人的书中钻研写作方法，就是在屋子里不停地写。

就这样一直坚持了 8 年，哈利的第一篇小说终于发表了。虽然稿酬少得可怜，但在他看来，他相信自己离理想更近了。

一转眼，哈利从美国海岸警卫队退休了。退休后的他，继续进行创作。在接下的几年里，他不仅没赚到多少稿费，反而还欠了别人不少的钱。尽管如此，他仍然相信只要努力就可以实现自己的理想。

12 年过去了，他终于把那部小说写完了。这个过程中，他忍受了常人难以承受的艰难困苦。因为不停地写，他的手指已经变形，他的视力也下降了许多。然而，他的小说立刻被全世界的人所接受，仅在美国就发行了160万册精装本和370万册平装本。这本书，就是伟大的《根》。

哈利的故事，揭示了一个很简单的道理：一个人只要为理想付出，他就掌握了向成功迈进的秘诀。只有这些愿意并且能够为自己理想付诸行动的人，才能更快地取得成功。所以，一旦我们有了梦想，就要毫不犹豫地去行动，为理想的实现创造条件。

行动起来吧，所有充满梦想的人！也许，下一个哈利就是你！

开足马力，让自己的版图无限扩大

1994年，天津女孩赵爽在天津滨海新区从事文职和管理工作。2000年，滨海新区管委会开办清华大学工业工程在职研究生班时，这让已经放下书本多年的她心动了。几度犹豫，赵爽做了决定。于是，一段历时5年的梦想之路就此开启。

众所周知，清华以严谨治学闻名，想取得去清华深造的资格并不容易。为了取得深造的资格，赵爽开足马力，铆足了劲儿学习。

临近考试前的一个半月，赵爽第一次走进清华大学进行集训。清华深厚的历史底蕴、特殊的学习气氛和人文环境无不引人入胜。初来乍到的赵爽内心有些许惶恐，压力也随之增加。每天早上6点多去自习室占座，晚上下课后的第一件事同样是去自习室占座，每天都学习到宿舍熄灯休息为止。

虽然只是短暂地停留了一个半月，但对于赵爽来说，清华的影响却是一生的。清华学子特有的气质：勤奋、低调、强大的行动力、责任感和理想，都给人无法磨灭的印象。这让她更加有了要到清华深造的信念。

功夫不负有心人，付出了艰辛和汗水的赵爽终于如愿以偿，她顺利通过统考，得到了进入清华大学工业工程学院读取硕士学位的机会。

2005年，赵爽研究生毕业之际，被逼上了“梁山”——写论文。当她在网上得知天津大学的一位教授在该领域颇有名望时，于是她打听到教授的课程安排，厚着脸皮去天天蹭课。一来二去，她和那个教授有了沟通，于是在他的指导下完成了毕业论文。

对于这次清华之旅，赵爽如此说道："清华大学在很多人的生命中已经幻化成一种情结，清华大学有种特殊的魅力，聚拢着属于整个民族的精髓。清华大学毕业的女性也与传统意义的女强人有着天壤之别，内心的成熟与强大，使她们不惧困难，且严谨低调，外柔内刚的气质勾勒出当代女性的典范，她们有着自己的梦想，不喜好声张，步步为营地前进。只有开足马力，自己的版图才能不断扩大。"

"我应为王"，这是每个领域里的佼佼者与生俱来的强者心态。这种心态转化为行动，就是永不知足地开拓疆土，努力将更多的资源掌握在手中。不管你身处什么样的环境，从事什么样的职业，想要取得更大的辉煌，就必须开足马力，不断地进行拓展。

与之相反，那些容易满足的人，注定不能获得大的成功。因为，他们总愿意得过且过，而不是将事业版图进一步扩张。对于这个时代来说，不进则退，妄图停下脚步，就意味着必然后退。

所以，我们切莫轻易产生满足的念头，而是应该保持激昂的雄心和旺盛的斗志，永不知足地开拓疆土。这样，你的事业、你的人生才能无止境地发展下去，更上一层楼。

美国一名退伍军人名叫凯尔，曾经在战争中负伤。后来，他长期在伊利诺伊州的退伍军人医院疗养。身在医院，让原本脾气火暴的他有了一丝平静。除了读书，他可以做的事情不多。

一次不经意间，他得到了一个灵感。有一天，他发现很多洗衣店都会在熨烫结束后，向衬衣的领子里加上一张硬纸板以防止变形。他写了几封信向厂商咨询，得知这种硬纸板的价格是每千张4美元。听到这个答案后，凯尔感到自己的机会来了。

凯尔是这么想的：他在硬纸板上加印广告，然后再以每千张1美元的低价卖给洗衣店，赚取广告的利润。出院之后，他立刻开始行动，保持着自己每天研究、思考、规划的习惯。但几个月下来，令凯尔略微有些失望的是，他发现很多客户取回干净的衬衫后，并没有保留那些硬纸板，往往顺手丢弃不用了。

不过，凯尔并没有因此停下脚步。经过努力，他想出了更加成熟的方法——在纸卡的正面印上彩色或黑白的广告，背面则加进一些新的东西，例如孩子的着色游戏、主妇的美味食谱或者全家一起玩的游戏，等等。

这个小小的变化，却创造了极佳的效果。曾经有一位丈夫抱怨洗衣费用激增，后来才发现妻子竟然为了搜集凯尔的食谱，把可以再穿一天的衬衫送去洗了。火暴到这个程度，是凯尔万万没有想到的。

然而，凯尔并没有因此扬扬自得，而是继续开足马力进行改进。他把每千张1美元的纸板寄给美国洗衣工会，工会便推荐所有的会员采用他的纸板。就这样凯尔的事业越来越大，后来成为了美国首屈一指的大富豪。

凯尔的经历告诉我们：永不知足的精神具有巨大的威力。其实，作为退伍军人的他完全可以靠着政府的抚恤金生活；他也可以通过政府的手段进入一家好的公司，当一个普通的员工度过安逸的一生，但是，永不知足的精神督促着他前进，让他取得了令人羡慕的财富。

每个人的内心，其实都有一个潜在的马达，只是没有发动罢了。那么在日常生活中，我们应该如何行动，才能激发那份潜藏于心底的马达呢？美国成功学大师拿破仑·希尔总结了以下几点，非常值得所有人学习：

1.看清身边的所有事实

我们都知道有一种法律被称之为“证据法”，制定这项法律的目的就是取得事实。一切法官之所以能够把案子处理得公平合理，是因为他们有确凿的事实作为依据。在我们思考的过程中，同样应该有一部“证据法”，以便于事实的真相可以清楚地呈现出来，而思考恰恰就是凭借这些事实产生的。

2.抽出1%的时间去思考

无论做什么事情，都需要灵感的激发。所以，不要以为马不停蹄才是效率，不要认为思考是浪费时间，也不要等到躺在床上，才养成阅读及思考、规划的习惯，因为思考、研究及规划并不需要很长时间。

也许我们是一个白领，也许我们是一名领导，平常很难有充足的时间静下心来。那么，我们不妨就抽出1%的时间去思考，使生活产生令人惊喜的改变。每一天有1440分钟，拿出1%的时间来研究、思考及规划，那么这14分钟将有意想不到的效果。

当然，这份思考不是空想。你应当养成随时随地思考、规划的习惯，不要浪费搭公交车、刷牙或洗澡的零碎时间，准备好纸和笔，把我们的灵感统统写在纸上。

3.养成注意重点的习惯

开足马力的前提，是思维方法的准确。正确的思考方法需要两方面的基础，一是必须把事实和纯粹的资料分开；二是必须把事实分成两种，重要的和不重要的，或是，有关系的和没关系的。在达到我们的主要目标的过程中，我们所能使用的一切事实都是关键而有密切关系的，我们所不能使用的则是无关紧要的。所以，必须分辨出重要和次要的事实，也就是说，要养成注意重点的习惯，千万不要被无关紧要的琐事牵制了前进的步伐，这是思考过程中非常关键的一点。

试着去尝试这三点建议吧。当你做到后就会发现：原来成功就是这么简单！

走出一条属于自己的路，别被专业所束缚

有人说，出身清华理工系的张朝阳是“不务正业”，走上了一条互联网的路。然而，这正是清华的一种魅力：不要被专业所束缚，只做自己适合的。

走出一条自己的路，有太多的清华学子展现出了这样的风采。清华大学环境工程系的宋柯，还有如今大红大紫的水木年华组合，都比张朝阳走得还要远。

众所周知，宋柯是娱乐圈的大亨。第一次与娱乐圈接触，是在1985年。那时，他在首都高校外语歌曲比赛中，轻而易举获得亚军，而冠军则是今天实力派唱将刘欢。

这次比赛，让宋柯与音乐结下了不解之缘。从清华毕业的他，来到了美国读书。在这里，他看到了太多的能人，开始意识到自身的不足。

就在放弃音乐理想萌生之际，宋柯意外读到了一本书——《音乐商业》。这本书，详细介绍了在音乐产业中，每个公司或者每个角色都是做什么的，比如制作人是做什么的，经纪人是做什么的，唱片公司又是做什么的，艺人又要干什么的等。

顿时，宋柯的音乐梦想又被激活了！他从商业角度，想到了切入音乐的无限可能。1996年，宋柯为师弟高晓松的专辑《青春无悔》投资了二三十万

元，最后赚到了约50万元。2003年年底，他又开始接触到了手机彩铃。出于清华毕业生本能的敏感，宋柯发现了其中的赚钱机会，便果断辞去华纳常务副总和音乐总监的职位，与太合传媒合作，成立了太合麦田音乐文化发展有限公司。

随后的几年，宋柯的工作进入了蓬勃发展时期。通过向中国移动提供彩铃业务，他成功赚到2000万元，获得自己事业起飞的第一桶金。

看看北大、清华“不务正业”的花名册吧：张朝阳、宋柯、高晓松、水木年华、撒贝宁……他们都没有被自己的专业所束缚，而是在其他行业内开创了一片天地。所以说，勇敢地走出一条自己的路吧，别被专业所束缚。

中国有一句古话：术业有专攻。因此，很多大学毕业生在进入社会后，最渴望得到一份与专业对口的工作，毕竟学以致用可以让自己的职场之旅轻松许多。然而，如今的社会现状，却并不能让我们如此“轻松”。

众所周知，随着经济的高速发展，如今社会分工越来越细，大学里面的专业与社会上用人单位的用人标准往往并不一致，更何况大学里的专业课中，理论知识居多，大多数时候都不能满足实际工作的需要，真正能够找到对口工作的人并不多。

正因为如此，很多大学毕业生显得郁郁寡欢，甚至因此而逃避现实。这，显然不是一个年轻人应有的心态。与其怨天尤人，不如面对现实。很多研究大学毕业生就业问题的学者都曾指出，在当前严峻的就业形势下，刚刚毕业的大学生不妨跨专业找工作，只要努力学习新的知识，愿意克服各种困难，一样可以在职场上获得成功。

毕业于华东师范大学化学系的侯建成非常热爱摄影，在学校期间，他就加入了学校的摄影协会，并成为了会员。甚至他还在多次摄影比赛中，获得了一些奖励。而他的专业课则有些普通，只能勉强及格。

正因为如此，学化学的侯建成在学校里显得非常另类——学校要求摄影协会为学校校报找新闻图片，而摄影协会经过研究任命侯建成为主编。他牢牢地把握住机会边工作边积累经验，不少的新闻经验和摄影技巧就是在这时候练成的。

毕业求职时，由于对所学专业缺乏兴趣和学习成绩的不尽如人意，侯建成在招聘单位前处处碰壁。这时，系里的就业指导老师建议道：“既然你在摄影方面那么优秀，何不尝试从事摄影方面的工作呢？为什么非要和别人一样，把求职意向局限在科研机构、学校等少数单位上呢？”

老师的一番话，让侯建成立刻开了窍。

从这天起，侯建成开始关注这方面的招聘信息。没多久，他就通过了武汉一家报社的面试，成为这家报社的专职摄影记者。起初，他对于给照片配文字说明的工作很不在行，这让他大伤脑筋。但经过一段时间的学习摸索之后，他的采访能力和文字功底大大提高，工作起来得心应手，成绩并不比新闻科班出身的摄影记者逊色。

如今的侯建成，已经是这家报纸的首席记者。由于他能胜任多种工作，所以工资很快由3000元涨到了10000元左右。他很庆幸，自己没有被所谓的“专业”绑住手脚，否则现在一定还在找工作的迷茫之中。

相信侯建成的求职经历，很多已经踏入社会多年的大学生一定有所共鸣。并且，像他这样跨专业就业成功的案例也并不少见。其实，现代社会分工非常明晰，那些对专业性技能要求不那么高的用人单位，跨专业选才已经渐渐成为了主流。所以，我们不必总将目光拘泥于所学专业，只要条件成熟，跨专业就业一样能够让你实现自己的职业理想。

更重要的是，当你进行跨专业选择时，自然会有更大的选择空间，对自身的条件有了更多的关注，因此，我们也更能找到适合自己的工作。所以，只要找对方向，只要能够脚踏实地地工作，跨专业就业也不失为一种曲径通幽的好路子。

当然，跨专业择业不是“冲动选择”，以下几个要点，我们必须注意：

1.突出辅修专业

除了外语和计算机，毕业生专业课程以外的知识和能力也颇为重要。虽然有些职业对专业性要求不强，但如果你具有一定的相关专业背景，自然在求职中能更胜一筹。现在很多大学都开设了辅修专业课程，这对跨专业的学生应聘是很有帮助的。

所以，如果你认为你所学的专业今后的就业之路并不平坦，那么你一定要尽早规划就业方向，在专业课以外选修或辅修相关课程，以拓宽自己的就业渠道。

2.强化外语、计算机能力

虽然，现在的很多大学不再强制学生报考并通过外语四级考试，但从目前的就业形势看，大学生英语四级甚至是六级证书仍然是非常重要的，另外，中高级口译证书和托福、雅思成绩也成为很多企业衡量求职者实际英语能力的标准之一。所以，尽可能学好外语，这对跨专业择业非常有帮助。

与此同时，很多大型企业要求毕业生至少通过国家计算机等级考试二级或三级。因此，计算机能力的强化，我们也势在必行。21 世纪是计算机的时代，不懂计算机，那么就等于“半个文盲”，哪怕你的学历再高。

3.勇于展示自己的才能

既然是跨专业就业，那么在求职的过程中，跟大多数的竞争对手相比，你的专业技能无疑会处于劣势。既然如此，你就更需要着重表现自己解决问题的能力、沟通表达的能力和组织协调的能力。

4.毕业前就做好就业准备

既然决定跨专业就业，那你就必须要比别人先行一步，以补平你与竞争对手之间的专业技能反面的落差。

具体来说，就是在你即将离开校园之前，就要用更加开阔的视野来看待自己的专业，在学好第一专业的同时，根据每所学校的学科特点，结合自己的兴趣爱好选修一部分课程或选修第二学位，开阔自己的知识面，使自己成为一个基础扎实、知识面宽、具有较强实践能力和良好发展能力的高级人才。

其实,很多成功人士,曾经都走过"跨专业择业"这条路。例如马云,他的专业是英语,却在电子商务领域如鱼得水;再如王石,这位大名鼎鼎的地产商,当年的专业却是"给排水"专业,根本风马牛不相及。所以,对于跨专业择业我们不必小心翼翼,而是应该大胆地尝试!

第5课

“锲而不舍，金石可镂”的坚强意志

王选、孙宏斌、俞敏洪……从北大和清华的校园，走出了一个又一个影响中国发展的科学家与企业家。如今的他们尽管风光无限，然而他们曾经遭受的挫折，却是常人难以想象的。但从北大清华走出的他们，并没有被挫折所击溃，而是用坚强的意志成就了人生。“锲而不舍，金石可镂”，这正是北大清华给我们带来的最大启迪。

前进从跌倒开始

王选是汉字激光照排系统的创始人，他研制出的汉字激光照排系统为新闻、出版全过程的计算机化奠定了基础，被誉为“汉字印刷术的第二次发明”。

王选还有一个身份，那就是北大教授。王选毕业于北京大学数学力学系，并常年在北大任教。在他的身上，那种坚韧不屈的“北大精神”得到了淋漓尽致地体现。

王选的成功并非一帆风顺的，几十年的艰苦奋斗历程，他和他的团队始终是在与困难作斗争，一遍遍地从跌倒中爬起来，用他自己的话说，他们是在骂声中成长的。

1975年到1984年，对于王选是最艰苦的几年，但是，经过了那段最困难时期的磨炼以后，他学会了冷静对待一切困难。1979年到1984年，王选设计的系统遇到Monotype和日本系统的大举入侵，用户和业内人士大多不看好国产系统；与此同时，内部面临搞理论、写论文、出国进修的巨大冲击，激光照排成了不得人心的项目，研发人员骤减，北大校内甚至流传748工程干不下去了。

这个时期的王选和他的团队，真称得上内外交困，但是他们还是挺了过来。1982 年，主要协作单位的领导由于不看好项目的前景，下令停止研发，后终被技术人员顶住。1984 年，另一协作单位认定他们的项目一定会被洋货冲垮，决定终止合作，并且召回了合作人员。

当时，很多人都主张放弃北大方案，改用其他技术。当年，《人民日报》请专家组论证是否要引进，除新华社代表外所有人都赞成引进。会上，很多人都认为北大的系统即使做出来，也无疑是落后的。

然而，这样的说法，并没有让王选及其团队放弃。到了 1988 年，他认定此时将会咸鱼翻身，尽管那个时候的形势仍十分严峻。

1988 年上半年，王选在专业排版领域，有三个实力强劲的对手，上述三家公司都参与了竞标。幸运女神眷顾了王选，最终他们中了标。

在回忆这段往事时，王选如此说道：“我们的压力很大，但我们充满了信心！当时 1989 年排版系统的评测证实了我们的信心是有根据的，因为我们的系统获得了 14 块金牌！”

早在一年前，曾经有一位印刷系统技术负责人对王选说，半年之内要把北大系统打垮。但是，在王选的产品问世后，那个公司的产品很快就销声匿迹。在骂声中成长的王选用实力制止了流言，并且呈现出势不可当的态势。1988 年到 1995 年，他们研制的轻印刷系统一直独占鳌头。

我们从蹒跚学步开始，就不可避免地会遭遇跌倒。但只有在不断地磕磕碰碰中，我们才能从一个不知世事的小孩，变成一个睿智成熟的人。在摔倒和失败中，我们也会发现，一个人跌倒的次数越多，他就会越快学会走路。经历的挫折越多，我们越能够处变不惊，站在另一个让人仰望的高度上俯瞰人生。这是北大清华的精神，更是人生需要铭记的箴言。

试想，如果一个人经不起一点风雨的洗礼，面对挫折轻易放弃，那么又怎么可能缩短与成功的距离？久而久之，你会发现前面的路困难重重，会变得没有任何担当，习惯用逃避来解决问题。所以，我们不要害怕会跌倒。因为胆怯再次跌倒，我们选择了在失败面前望而却步，可是我们不知道，成功往往就在前方不远处,与困难并存的往往就是希望。

他是20世纪60年代跨栏比赛场上的风云人物，优异的比赛成绩让他顺理成章地入选奥运会,这是作为一个运动员无上的荣耀,也是一个难得的机会。

他很珍惜这个机会,为此付出了太多的努力和艰辛。在比赛前夕,几乎所有的人都看好他,甚至还有媒体为他提前颁奖。可是人生充满太多的变数,由于发挥失误,他只得到了第三名的成绩,所有人都为他扼腕叹息。

面对这次前所未有的打击,他开始质疑自己的能力,甚至怀疑当初步入体坛的抉择是否正确。他想到了退役。因为他知道,要再过四年才会有奥运会,自己想要翻身,洗掉失败的印记,最起码还得等四年,他不知道自己能否忍辱负重地坚持走下去。在这种情况下,唯一合理的出路就是退出体坛,开始在其他事业上寻求发展。

在那段时间,没有人能懂得他的迷惘和纠结,然而,在反复的抉择中,他最终放弃了退出体坛的想法,坚持了最初的梦想。他知道,他不想放弃自己一生追求的东西。在明白了什么是自己想要的东西后,他又开始了日复一日的训练,他期待着能在赛场上重新证明自己,不负众人的期望,也给自己一个合理的交代。

之后的几年时光中,他参加了多次比赛,又在60米和70米跨栏项目上创造了一些新纪录,找回了曾经的自信。1964年2月22日,他参加了自己职业生涯中的最后一场比赛。在观众的欢呼声中,他保持了自己所创的最佳纪录。在公布结果的那一刻,1.7万名观众起立致敬,他感动得热泪盈眶,他终于像世人证明了自己。

正是因为在失败中的坚持,他为自己的人生书写了一个新的高度,他就是著名的运动员耶士·琼斯。

面对跌倒,琼斯选择了爬起来继续前行,因为这种锲而不舍的精神,琼斯才得以与成功结缘。人生也同样如此,要想达到自己的目的,就要克服很多困难，不能在心理上首先投降。当你获取成功的时候，再回过头来看看走过的路，就会发现，当初那些所谓的艰辛其实并没有想象中的那样艰险困苦，有的时候，是我们把困难想象得过于强大罢了。

凤凰涅槃，需要浴火重生，同样，想要取得成功也要经过风雨的洗礼。只要有所追求，就难免有失败。当遇到挫折时，坚持与放弃往往就在一瞬间。我们需要静下心审慎地想一下，不能轻易放弃或改弦易辙。坚持就是胜利，如果为了一时的安逸而选择放弃，这恰是一个最愚笨的选择，若非一番寒彻骨，怎得梅花扑鼻香，不是吗？

生命是一条跌宕起伏的河流，总会遇到激流和暗礁，也正因为如此，才能激起美丽的浪花。在生活中我们也难免会遇到坎坷与困难，所以我们必须学会勇敢地面对困难，学会在困境中磨炼自己，在跌倒中不断爬起，不断前行。每一次的跌倒，我们在收获苦涩的同时，也获得了一种经验，挫折经历了，问题解决了，人生经验丰富了，那么在这个竞争激烈的世界，我们才能稳稳地占有一席之地。所以，不论何时，我们都不能让自己失去希望，要学会在困境中挖掘希望的种子，让自己拥有跌倒了爬起来继续走的勇气，这样我们才能让自己的人生开出更加绚烂的花朵。

认清挫折——成功的催化剂

北京大学艺术学院的开创人徐悲鸿是中国著名的画家。然而很少有人知道,年少时的徐悲鸿曾经历了一场又一场的挫折。

徐悲鸿生于江苏宜兴县的一个清贫人家,他的父亲是一个半耕半读的村塾老师,也是个画师。徐悲鸿从6岁时开始就跟着父亲读书,因为常常看见父亲画画,因此对画画产生了浓厚的兴趣。7岁时,他就央求父亲教他画画,可父亲认为他年纪太小,不肯教,小悲鸿只好作罢。

有一次,徐悲鸿在书中读到卞庄子刺虎的故事,便偷偷求人画一只老虎,然后自己依着样子描绘。这件事被父亲知道了,知道儿子确实喜欢画画。

终于在9岁那年,父亲同意了徐悲鸿的画画请求,从这以后,他每天摹一幅当时流行的《吴友如画本》。从此,徐悲鸿就开始了他的学画之路。

徐悲鸿在绘画方面确实有惊人的天赋,在10岁时,就能帮父亲在画上不重要的部分染颜色,17岁便在一家中学里教图画来帮助家用。

然而,19岁那年的灾难,使得徐悲鸿的人生出现了转折。那年,徐悲鸿的父亲去世,因为家里负债很多,弟妹也要供给,他不得不在县里三家学校担任老师,以此来解决全家的生活。但是挫折并没有消磨徐悲鸿上进的决心,为了学美术,他去了上海。在上海时,他寄居在一家赌场里,白天用功,晚上等客人散了，才摊开铺盖在赌桌上睡觉。

为了改变穷困的生活，徐悲鸿曾经向《小说月报》投画稿，但都被一一退回。春节的时候，人们燃爆竹，敲锣鼓迎接新年，而徐悲鸿却饿着肚子给一家叫做"审美书馆"的出版社用颜料填染单色印刷的杂志封面。

不过，因为徐悲鸿的刻苦努力，他逐渐受到社会名流大家的注意。除了审美书馆的主办人，著名的岭南画派导师高剑父、高奇峰兄弟外，当时的文化名人康有为、蔡元培等也给予他很多鼓励和帮助。

1917年，徐悲鸿的人生之路开始峰回路转。只有22岁的他被聘为北京大学画法研究会的导师，之后又得到北洋政府的教育总长、大学者傅增湘先生的帮助，甚至有了去法国留学的机会。

但是，天有不测风云，徐悲鸿出国不久，内战便爆发，于是他的经济来源断绝了。那段时间，他的生活非常窘迫，经常饮水啃干面包度日。为了维持生计，他每天不间断地从事10小时以上的劳作，还给书店画书籍插图及一些散稿。

即便生活如此艰辛，徐悲鸿依旧努力作画。此时，他开始临摹古代的名画，并努力于国画和油画的创作。在这种心态下，他对作画有了更全面的理解，艺术造诣不断提高，最终成为中国近代最有名的画家。

对于大多数人来说，挫折和苦难是人生的常态，一帆风顺才是万千大众中的个别特例。很遗憾，我们不能成为"个别特例"，所以我们就要学会从挫折中吸取教训，在苦难中不断成长。

当你能像徐悲鸿一样面对挫折泰然处之，在任何艰苦的环境之下都能坚持自己的梦想时，那么你离成功也就只有一步之遥了，因此，从某种程度上来说，挫折，正是实力获取的"催化剂"，也是成功的动力和源泉。

事实上，每件事都有它的两面性，我们要学会认清挫折，或许厄运才是你生活中最好的导师。因为它，你会更加懂得人生；因为它，你才会发现自己的意志如同淬过火的钢铁，坚韧无比。所以，在我们收获成功的时候，我们更应该怀着一颗感恩的心来谢谢生活给予我们的磨难，是它们让我们变得更加自信与执著。

美国鼎鼎大名的玉蜀黍大王史坦雷先生年轻时，只是一家五金公司里的收银员，每个月领着极微薄的薪水。但史坦雷却对生活现状很满意。他觉得，只要有吃有穿，自己再努力点，那么生活自然会越来越好。甚至他还觉得自己的形象挺不错，一定会得到经理的赏识，提升自己为推销员。所以，他就这样安平乐道地活着，等待上司发现自己的那一天。

但是，事实并不向他所想的方向发展。有一天，经理把他叫进了办公室，然后劈头盖脸地一顿训斥道："你这种人根本不配做生意。但你的臂力健硕无比，我劝你还是到铁厂里当一名工人去吧！"就这样，他想要被提升为销售员的梦想破灭了，甚至连原来的工作也没了。

面对突然而来的变故，史坦雷感到极其失望。当时的史坦雷只有16岁，是一个刚踏入社会不久、年轻气盛的人，平白无故遭受这样的侮辱和打击，心里难过是无可避免的。但是，他并没有因此气得暴跳如雷，急着找经理理论，更没有因此而消沉下去，完全否定自己的价值，而是反复思考经理的话，找出自己的缺点，他坚信经理能说出这样的话，就一定是自己有什么不足。

最后，他终于想明白了：原来，自己根本没有想象的那么优秀，那么我为何还要沾沾自喜呢？一个人只有不停地提升自己，才能有所成就。

经历了这次挫折之后，史坦雷在新的工作岗位中，开始不断磨砺自己，而不是总想着"高枕无忧"。几年后，他就有了惊人的成就，最后终于成为了有名的玉蜀黍大王。

如果没有这次挫折，也许史坦雷先生依然在五金公司做一个本本分分的收银员，最多就是通过努力得到上司的赏识，被提升为一个销售员而已。然而，正是因为这次经理的言语刺激，让他从自我编织的梦中醒来，打消了他那"心满意足"的心理，他这才能从一个无名的小店员，一跃而成为世界著名的玉蜀黍大王，站到了人生的另一个高度。

如果没有这次失败，史坦雷不可能获得辉煌的成绩。所以说，失败也是一种成功。历史上的伟大人物，都是带着这样的心态面对失败的。爱迪生在发明电灯泡时曾经历了无数次的失败，可是爱迪生仍旧轻松地对助手说："没有失败，至少我们又成功地找出了一种不适合做灯丝的材料。"

成功人的这种心态，却没有被我们学习。大多数人都不懂得这个道理，总想着在主观上"屏蔽"挫折。所以，当我们无法面对挫折的时候，不妨试着问这样一个问题：挫折是以人的意志为转移的吗？当你有了明确的答案之后，在彷徨迷茫的时候就容易做出抉择了。

史坦雷先生的成功经历告诉我们，如果把人生比做一本存折的话，那么，每一次挫折都是一笔收入，经历过坎坷的人生才是充实的。所以，挫折不可怕，有时候，这反而会给我们莫大的益处，挫折带给我们的，不只是在遇见问题的时候学会千方百计地将困难解决，更让我们在此过程中不断地积累知识和见识，这是在任何书本或者任何老师那里都学不到的东西，是人生最宝贵的财富，也是北大、清华精神的精髓之一。

不妨把挫折当成一次测试

桑兰是原中国体操队队员，因为她在体操赛场上的优异表现，曾经被誉为中国的“跳马王”。但是，就在她的大好年华里，不幸却降临在了她的身上。1998年7月22日，她在第四届美国友好运动会的一次跳马练习中不慎受伤，造成颈椎骨折，胸部以下高位截瘫，不得不提前结束自己的体操生涯。

受伤后的桑兰，表现出了与其年龄不符的坚强。虽然未来只能坐在轮椅之上，但是，从她重新面对公众的目光那一刻起，她的面容就永远浮现着灿烂的笑容。17岁的小姑娘，用让人慨叹的微笑征服了世界。

2002年9月，桑兰被北京大学新闻与传播学院新闻系破格免试录取，就读广播电视专业。桑兰在北大求学的日子并不轻松，因为身体状况与大学上课的状态并不是很合拍，所以整个过程非常辛苦。桑兰自己用“酸甜苦辣”四个字来形容那段岁月，个中滋味也许只有她才能体会得到。但她凭借自己顽强、乐观、坚强、勇敢的心态，赢得了全校师生的赞扬。

从北京大学新闻系毕业后，桑兰成为2008年北京申奥大使之一，传播着中国的奥运之梦。桑兰用微笑告诉人们：什么才是真正的坚强，什么才是奥运精神。因此，她也成了最富奥运精神的女性榜样！

桑兰的故事，其实也是北大的故事：都曾经历过磨难，但都克服了挫折，成就了更伟大的事业。

所以说，身体上的残缺并不能阻止一个人成功的脚步，一次挫折也不能打消自己的意志。挫折，其实也是一段旅程，只不过这段旅程注定是一段曲折的路程，可是有时多走一段弯路，也许能够多一份人生体会，多一份人生智慧。挫折更是对一个人的考验。

这就是为什么，无论北大还是清华，都会把挫折教育当作本校的重点教育之一。面对挫折时的选择，不仅关乎当下的生活，更关乎人生的未来走向，也决定着你的人生高度。其实挫折并不可怕，倘若你将挫折当成一次测试，那么就会发现：在挫折的路上学到得会更多，丰富的人生阅历反而会助你走向成功。

小儿麻痹症患者阮文龙，在 3 岁时就已经成了肢残人，因为家境贫困，他初中未毕业就休了学。休学后的阮文龙因为对美术有很大的兴趣，参加了当地美术培训班。

但就在学习了一段时间后，由于家庭的原因，阮文龙不得不将梦想搁浅，选择外出打工。他辗转各地打工，当过油漆工，干过美术装潢，但是生活的磨砺始终无法改变他对艺术的痴心。

经过几年的打工生涯，阮文龙用很少的积蓄创办了一家装潢厂。没想到，白手起家的他竟然把工厂办得有声有色。但他并不甘于此，想起了当初对艺术的追求。于是，他准备报考中国美术学院去深造，继续追求自己的艺术梦想。

1993 年，阮文龙凭着惊人的学习毅力，终于如愿以偿地成为了中国美院成教学院的一名大学生。在学校读书期间，他用尽所有的积蓄在杭州开了一家照片彩扩店。然而，由于不了解市场，照片彩扩店一直处于亏损状态，半年时间他就亏损了 5 万多元。

看着自己辛苦挣来的钱打了水漂，无论对于谁来说，这都是沉重的打击。但是阮文龙并没有放弃，他总结经验，继续寻找商机。

2000 年 9 月，阮文龙用 30 万元的启动资金，带领 7 名员工坚强地走上了创业之路，创办了杭州亚龙雕塑艺术有限责任公司。刚开始时，公司没有接到一单生意，这让他感到了莫大的压力，但他从来没有想过要放弃，他知道，只要充满希望就一定会成功。

即使再大的压力，也没有让阮文龙退却。依靠自己的坚持，他终于赢得了临安市中心和平鸽雕塑的建筑订单，迎来了属于他的春天。

有了生意之后，阮文龙开始全身心地投入到工作当中。在建筑的过程中，他那种精益求精的工作态度感动了不少客人，也为公司带来了成功的机遇。通过多年努力，阮文龙终于让自己的公司在市场上占有了一席之位，现在，他的公司已经为全国170多个城市设计和建造了城雕。

生命的美丽与精彩不在于非同一般的通畅，而在于它的曲曲折折。人生正是通过这样或那样艰苦的困境，才绽放出美轮美奂的生命花朵。阮文龙的故事告诉我们：对人生而言，生命中出现的麻烦只是生命的另一种形式。没有风雨，哪来的彩虹？不经历那些曲折，又哪有苦尽甘来的喜悦？

虽然，挫折会让你感到痛苦，但是，正是这些痛苦，让你拥有了不同的人生经验，使我们学到了许多知识，并对此难以忘怀。挫折将使我们认识到自己的能力，认识到自己的局限，所以，挫折正是我们生命中最好的老师。

因为挫折，所以才更渴望成功，因为失败，才更珍惜人生难得的机遇。世界上没有蹚不过去的河，也没有爬不过去的山。人生路上的一块块绊脚石只不过是为了让我们的人生变得更加精彩。所以，在面对挫折、困难时，我们不但要有勇气去面对，还要用智慧和技巧去解决因挫折、困难而产生的问题。这样，我们才能获得辉煌的成就。

拿出自己的勇气吧，不要畏惧那些挫折，让我们尝试着去面对它们的考验，运用自己的智慧，发挥刚毅的精神，将它们踩在脚下。在孤立无援的时候，你也不要放弃进行最后一搏的勇气。正如花草一样，它们经历了风霜雪雨、严寒酷暑，可到了来年春天，它们依然吐绿绽蕾，灿烂整个世界。只有这样，你才会站得更高，看得更远！

伟大是熬出来的

2009年爆发的金融危机，时至今日依旧影响着全球金融圈。2009年1月，世界金融界又抛出了一颗炸弹性的消息——德国亿万富翁阿道夫·默克在自己家附近的铁路上自杀身亡！而在此之前的2008年7月19日，浙江某泵阀公司的老板服毒自尽；8月12日，浙江某制药公司的董事长在办公室上吊身亡；11月12日，江苏某特钢有限公司的老板自杀……

看到这样的新闻，你是否感到了心惊肉跳？这些各行各业的精英人物，不约而同地都因为经济危机选择了最为极端的方式结束了自己的生命。他们的死因各有不同，但相同的是——在绝望的废墟中，他们最终没有“熬”过来。

那么，到底什么才是熬？熬，就是不受自己情绪的干扰，不受外界眼光及言论的影响，即使在最困难的时刻，也能冷静从容地做自己该做和能做的事的能力，耐心熬过时间的洗礼，用时间去验证结果。

有个年轻人去微软公司应聘，而该公司并没有刊登过招聘广告。见总经理疑惑不解，年轻人用不太娴熟的英语解释说自己是碰巧路过这里，就贸然进来了。总经理感觉很新鲜，破例让他一试。面试的结果出人意料，年轻人表现糟糕。他对总经理的解释是事先没有准备，总经理以为他不过是找个托词下台阶，就随口应道："等你准备好了再来试吧"。

一周后，年轻人再次走进微软公司的大门，这次他依然没有成功，但比起第一次，他的表现要好得多。而总经理给他的回答仍然同上次一样："等你准备好了再来试。"

就这样，这个青年先后5次踏进微软公司的大门，最终被公司录用，成为公司的重点培养对象。

心理学家认为，面对挫折和失败的体验，能使人对待风险应付自如，一旦发现自己能挺过来，那么以后对失败的恐惧就减少了。据此，我们可以这样说，要看一个人是不是能够取得非凡的成就，就看他遭遇失败和挫折之时的表现。遭遇失败，那些成功者都会从容自若地应付，最终"熬"出了成就；反观那些失败者，都选择了轻易放弃。

失败者之所以没有挑战的勇气，就是因为没有体验过挫折与失败，没有体验过凤凰涅槃的那种历练。所以，做一个不寄望于奇迹、不依赖于他人、不满足于平庸，决心改变现状的人吧！只有这样的人，才能够做一个睥睨众生的伟人，才是人生的智者。

不经历创伤，你就不是那颗成熟的果实

有人说：清华人的狂傲都藏在骨子里，很少用言语表露出来。但是融创中国集团董事长、清华校友孙宏斌却这样说道：“我曾说过，我天生就是做榜样的，不需要学别人。”

的确，孙宏斌的那种狂傲，和清华大学的风格的确有些冲突，但是，孙宏斌的血液里流淌最多的还是清华的养分。特别是在遇到困难之时的那份成熟，更加体现了清华人的共同属性。

孙宏斌是在清华大学读的研究生，专业是水利。孙宏斌曾经这样说过：“从清华那里，我得到最多的是两个方面：第一个是对体育的重视；第二个就是思考问题方式。”

生命是脆弱的，会在不经意间就遭受到一些创伤，但生命又是顽强的，往往当人们为之哀伤叹息时，它又焕发出新的活力。每一个人的生命，都不可避免地会遭逢低谷，没有经历过创伤，就不会领略成熟的人生。成功不是上天的赐予，也不是唾手可得的，在通向成功的道路上，我们会经历失败的低迷，会受伤，会流泪，当然也会有成功的喜悦。

孙宏斌也是一样，不经历创伤的历练，也就不会拥有一个成熟坚强的心。所以，跌倒了，受伤了，笑着对自己说，没有什么大不了的，前面的风景更美丽，这就是北大、清华的精神！

然而，现实又是什么样的？

在遇到创伤的时候，很多人都会想，要是我这一生都一帆风顺就好了。但是，人的一生不可能永远一帆风顺，生命中的那些沟沟坎坎反而更能折射出生命的精彩。苦难来临时，我们无处逃避，既然如此，索性就让它留下的创伤永远提醒自己，让自己变得更加坚强。上天总是不会偏袒任何人或者任何事物，每件事物之所以存在就必定有它存在的理由，即使是人生中遇到的创伤。纵观古今中外，那些在生命旅程中留下了杰出脚印的人们，很多人都曾遭遇过不幸，经历过刻骨铭心的痛。

10岁以前，他曾是一个快乐无忧的小男孩。然而，10岁那年，他的生活却在一次意外触电中发生了翻天覆地的变化。

因为不幸的意外触电，他失去了双臂，这对任何一个孩子来说都是极其残忍的事情，有过悲伤，有过痛苦，最终他说出了一句震撼人心的话——要么赶紧死，要么精彩地活下去。从此，他开始重新做回自己，在半年的时间里，他学会了用脚刷牙、吃饭、写字，基本上需要用手做的事情，他都学会了用脚代替。更加不可思议的是，12岁那年，他竟然在康复医院的水疗池学会了游泳。

2002年，他被选入北京残疾人游泳队。2004年，他在全国残疾人游泳锦标赛上获得了两金一银。当时，他对母亲许下承诺：在2008年的残奥会上拿一枚金牌回来。

世事变幻无常，就在他雄心勃勃地为奥运会努力做准备时，高强度的体能消耗导致了免疫力的下降，他患上了过敏性紫癜。医生告诉他母亲，由于高压电对他的身体细胞有过伤害，如果他不放弃训练，很可能会患上红斑狼疮或白血病，万般无奈之下，他只好放弃想在奥运会上夺冠的梦想。

因为对音乐的无限偏爱，放弃了游泳之后的他，把所有的希望都寄托在了音乐之上。经过无数次地练习，他终于学会了用脚来弹钢琴。为了能够达到更高的境界，他每天练琴时间超过7小时。

在追求音乐梦想的道路上，他依旧遭受波折。在一个选秀节目中，预选赛的时候，他在场上还没有唱几句就被评委喊"停"。面对评委的否定，他觉得这不算什么。在他看来，生命就是由一个又一个的挫折组成的。正是这种积极的心态，让他看到了成功的曙光。

2010年8月，他在《中国达人秀》的舞台上弹奏了一曲《梦中的婚礼》，琴声感动了在场所有的人。当评委高晓松问他这一切是怎么做到的时候，他说了那句一直鞭笞着他的话："我觉得我的人生中只有两条路，要么赶紧死，要么精彩地活着。"最终，他在这场比赛中夺冠，成为了首位"中国达人"。他，就是23岁就登上维也纳金色大厅的残疾艺术家——刘伟。

刘伟说过："我能像正常人一样生活，养活自己，虽然我体会不到拥抱别人的幸福感，但我能够在琴声中感受到更多的幸福。"毋庸置疑，刘伟做到了，他告诉我们，没有手，用脚一样能弹钢琴。他还告诉我们，即使生命的脆弱让他失去了双臂，但生命的顽强却能让他拥有了生存的辉煌。

现实中的我们也可以这样设想一下，当刘伟的不幸遭遇降临在我们头上时，我们能否像刘伟一样，用微笑面对那样的创伤？恐怕，能做到的人少之又少！正因为如此，我们才只能陷于悲伤之中，看不见成功的希望，最终与成功失之交臂。

其实，每一次的创伤带给你的不仅是苦痛，更重要的是教会你不断地成熟。挫折、困苦、失败，都不可能击倒意志坚强的人，只会引领他们走向成熟，走向成功。就像刘伟一样，跨过创伤，惨痛的经历带领他走向了一个更加明朗的世界。

顺境是悠扬愉悦的调子，逆境则是低沉哀伤的音律。但是不管怎么样，它们都是我们生命的一部分，都能让我们的生命在经过一次次困境的洗礼之后，变得更加精彩！

唯有积极的心态，才能化解逆境的困惑

高考分数641分的贺舒婷，现在是北京大学法学院的一名本科生。但是，如今身为天之骄子的她，曾经也有过迷茫困惑的时候。

高一那年，贺舒婷是一个让人头疼的孩子，上课的时候，睡觉，聊天，看漫画，吃零食，跟着后面那些男生大呼小叫，把年轻的女老师气得眼圈含泪，并且以此为乐。

“那真是一段不堪回首的日子，像色彩斑斓的黑洞，看上去奇观异彩，鬼魅般的吸引力却在不知不觉中一点点把你拉向无底的深渊。于是成绩下滑，生活开始堕落，而更加难过的是，明明知道自己在下滑在堕落却无力去改变。其实，没有什么是不可改变的，现在想想，那些都是为自己的懦弱、懒惰和自甘堕落所找的一个看似冠冕堂皇的理由，一切是自欺欺人。”回忆起那段时光，贺舒婷这样说道。

那么，贺舒婷是怎样改变自己，逆转自己的人生的呢？也许，人只有在痛的时候，才会认认真真反省自己走错了哪一步。

高三第一次月考，贺舒婷考了年级第12名。也许这是一个听上去差强人意的成绩，可是，贺舒婷清楚地知道那是一个平均本科上线只有三人的文科班，如果不能把所有的人远远甩在后边，12名和120名有什么区别？

月考过后，贺舒婷的班主任召开了一次班会，这次班会，让贺舒婷的心态发生了很大的改变。至今，她都不知道要用怎样的语言去感谢那个班主任。

那天，班主任开门见山地提出这次考试的问题：“这次成绩非常能说明问题，应该考好的人都考好了。”然后她扫了贺舒婷一眼。贺舒婷明白，她的潜台词就是：自己属于没有理由考好的那一堆人里的。

然而，贺舒婷并没有感到一丝脸红，而是面无表情地看着班主任。班主任的目光平静地扫过贺舒婷，然后继续说道：“我知道有些人自以为很有才气，看不起那些认真学习刻苦努力的同学，总觉得人家是笨鸟先飞，是先天不足。可是我想说，你只是懦弱！你不敢尝试，不敢像他们一样地去努力、去刻苦，是因为你怕自己刻苦了也比不上他们，刻苦了也考不了第一，你害怕遭人耻笑，于是，你宁可不去尝试。其实，你才是真正的弱者，因为你没有承担风险的勇气……”

班主任的一席话，让贺舒婷顿时愣住了。她的脑海里，反反复复回荡着“你只是懦弱”这句话。她知道，班主任所说的一字不差，自己就是懦弱！

接下来的日子，贺舒婷整个人都发生了翻天覆地的变化，迎来了一生中最戏剧性的一个月。那一个月，贺舒婷乖乖地过着三点一线的生活，连她自己都不敢相信，那个从早晨六点早自学上课，一直到晚上十点晚自习下课，一动也不动地坐在位置上安安稳稳的人是自己。

当然，彻彻底底地改头换面没有那么简单。要想在几天里改变365天来形成的习惯，太难；而要想在一个月里创造出令人瞠目结舌的奇迹来，也太难。“心似平原放马，易放难收”，想要将野惯了的心一下子收回来，谈何容易？很多次贺舒婷都坐如针毡，内心也狂躁不安，心似脱缰的野马，开始飘离她的身躯的时候，她很想放弃。

在那个最危险的时刻，贺舒婷总是适时地遏制住了自己的想法，不断地告诉自己，再忍一下就好。她相信，只要认真就一定会做到！

功夫不负有心人，贺舒婷的努力没有白费。在期待已久的期中考试中，她考了第一名，让所有人瞠目结舌。那是她一生中最特殊的一次考试，那次考试也决定了她此后的方向和道路选择。

虽然她的努力已经小有成效，但真正的挑战还没有开始。贺舒婷知道自己想要的不仅仅是第一名，而是考上北大，能够在向往已久的未名湖畔与书香相伴。于是，高考前的那段日子，贺舒婷依然不敢松懈。在踏入考场的时候，她平静了下来告诉自己："尽吾志也而不能至者，可以无悔矣。"

在这样积极的心态之下，贺舒婷发挥得极其出色，终于如愿以偿地考上了北大。

后来，贺舒婷如此说道："除了北大，我任何学校都没有报考。哪怕北大只招一个名额，为什么不可能是我？这世上没有什么事情是真正不可能发生的。"

这，就是一直激励她的话。这是一种积极的心态，也是作为一个北大人应该拥有的精神。

不能否认，机遇和命运会对人生产生强烈的影响。然而，那些都是客观的外在条件，并不能主宰我们的命运。所谓"谋事在人"，一个人成功与否，最主要的还是要看他是否有一颗想要成功的决心。贺舒婷虽然也曾有过迷惘，有过失败，但她却能在这样复杂的情绪中清醒过来，懂得自己的梦想是什么。于是，她怀揣着"考上北大"的决心，一路前行。

贺舒婷的成功，除了她踏踏实实地努力学习之外，重要的就是那份心态：只有保持高昂的斗志，才能走出逆境的困惑。这种心态，是任何力量都不能阻止的，所以，贺舒婷是当之无愧的北大人。

"唯有积极的心态，才能化解逆境中的困惑。"那么，什么才是积极的心态呢？积极的心态是面对困难时的乐观向上，面对烦恼时的豁达胸怀，是面对不幸时的坚强信念。然而，这样的心态不是所有人都拥有的。现实生活中，遇到挫折喜欢抱怨的人，远比乐观的人要多。这些人一旦遇到生活的不顺心，事业的瓶颈之时，他们就会难展笑颜，对人生失去希望。这样的人，永远体会不到成功的滋味。

无数北大、清华人告诉我们：世界上没有真正的绝境，只要心中始终有一股涓涓细流，再荒凉的土地，也会变成生机勃勃的绿洲。所以，当遇到困境时，一定不要让心灵干涸，将心中的梦想熄灭。在岁月的长河中，我们的人生航道总会有偏差，但是，只要可以及时调整方向，我们依然能够驶向成功的彼岸。

带着积极的心态上路吧，将一路的挫折抚平，将满地的荆棘铲除。最终，你将会走出一条阳关大道！

战胜挫折必杀技：毅力

俞敏洪曾说："人这一辈子遇到困难、挫折和失败不怕，重要的是我们遇到困难的时候要拥有好的心态。世界上有两种人，一种人遇到困难和失败以后就会害怕，就会充满绝望地倒下去，这种人一般一辈子就会以失败者的形象出现；另外一种人在遇到困难和挫折后，会用勇敢的心和坚韧不拔的意志去对待它，这样的人在未来是容易做成事情的。所以，我觉得无论你是否愿意往前走，生活总会遇到困境，但结果却是不一样的，如果你不往前走，生活永远是这样；但是当你遇到了困难往前走的话，你就会翻越过去。"

的确，古之立大事者，不唯有超世之才，亦必有坚韧不拔之志。所有成功人士从无到有地走向成功，总是与坚韧为伴。像俞敏洪这样的北大成功人士还有很多，他们都带着坚强的毅力，战胜了一个又一个的挫折。

世界超级小提琴家帕格尼尼是世人公认的一位天才。他在3岁的时候就开始学琴，12岁之时就举办了个人首次音乐会，轰动音乐界。成名之后的他，更是把琴声带到了许多国家。他的演奏使帕尔玛首席提琴家罗拉惊异地从病榻上跳下来，木然而立，觉得自己没有资格收他做徒弟；他的琴声让他成为共和国首席小提琴家。

然而，就是这样一位音乐上的天才，却是一个名副其实的苦难者，他的一生中经历的困苦和不幸，是我们常人无法想象的。

帕格尼尼在4岁的时候，一场麻疹病和强直昏厥症差点为他的人生画上句号；7岁那年，他又差点被猩红热夺去生命；13岁时他又患上严重的肺炎，不得不大量放血进行治疗；46岁时，长满脓疮的牙床，使他不得不拔掉所有牙齿。一路艰险，一路忍受病痛的折磨，本以为他可以度过一个安然的晚年，然而，上天似乎乐于为他制造麻烦，50岁后的他被病魔缠身，关节炎、肠道炎、喉结核等多种疾病吞噬着他的机体，后来他的声带也坏了，只能靠儿子按口形翻译他的思想。

像帕格尼尼这样的人生，无疑是一种巨大的不幸。可帕格尼尼并不这样认为，相反，他觉得上帝给予的灾难还不够，还要再给自己的生活设置一些障碍和旋涡。13岁的时候，他就选择过流浪者的生活，让自己经历更多的风霜雨雪。为了练琴，他更是把自己长期"囚禁"起来，在封闭的空间里，每天坚持练习10多个小时。在帕格尼尼的眼里，所有的经历都是不可多得的财富。

"人活着就离不开苦难。"这正是帕格尼尼的一句名言。

就是凭借这种不畏挫折的精神，帕格尼尼最终在音乐上取得了辉煌的成绩。歌德如此评价他："在琴弦上展现了火一样的灵魂。"李斯特也曾经大喊："天啊，在这四根琴弦中包含着多少苦难、痛苦和受到残害的生灵啊！"

对于失败者来说，苦难是一块绊脚石；对于成功者来说，苦难是一首进行曲。帕格尼尼的一生经历了我们常人无法想象的艰险困苦，可是他并没有选择向命运屈服，而是向它展开了坚强的斗争，在连续的苦难中越发坚强。正是这种不寻常的经历，才造就了一个不平凡的他。

其实，挫折和困难正是成功的前提。世界上在逆境中翻身的人何止千万，他们在底层拼搏求生，在这个弱肉强食的世界里锻炼生存的能力，最终成为一个成功的人，铸就一段成功的人生。

英国首相丘吉尔曾经说过，成功没有什么秘诀，如果真有的话，那就是两个：第一个就是坚持到底，永不放弃；第二个秘诀就是在你想要放弃的时候，回过头来看看第一个秘诀：坚持到底，永不放弃。我们要时刻牢记：人生之路到处布满荆棘，时常会撞上难以冲破的藩篱。轻易放弃，会让以后的人生旅途充满悔恨与遗憾，成为人生中不可抹去的败笔。所以，只要有一线希望就应该坚持到底、披荆斩棘，从而享受属于自己的鲜花和掌声。

第6课

“求真务实，求是创新”的科学精神

什么是科学?科学就是未来的实现，科学就是脚踏实地，科学就是专注细节，科学就是求真务实，科学就是敢于创新。而这些，也正是北大清华精神的一种折射。我们要看清自己，我们要脚踏实地，我们要有一颗清晰的头脑，这样才能走出一条适合自己的路，才能成为一名不折不扣的北大清华人！

丈量梦想与现实的距离

1978年,一个小生命诞生在河南南阳的一个普通家庭,她就是苏黎杰。苏黎杰从小就爱学习,天资聪颖的她顺利考上了河南大学之后,又考入了梦寐以求的北京大学环境学院,攻读硕士学位。

进入北京大学,让这位有着远大志向的姑娘,对未来有了更多的期盼。然而,现实和梦想总是有着很大的差距。2005年7月,苏黎杰硕士研究生毕业后,却并没有像她想象的那样开始自己美满的人生。

毕业后的苏黎杰,先后在几家企业干过项目策划和会展招商,但都没有取得什么特别的成绩。一晃四年多过去了,她始终没有一个相对稳定的工作,一直都是靠打零工为生,这让只身在北京工作的她感到身心疲惫。

渐渐地,苏黎杰发现:自己虽然顶着北大研究生的光环,自己虽然有着太多的梦想,但这并不意味着,自己就一定会拥有一个美好的前景。是该继续北漂,还是回到老家?苏黎杰陷入了困惑?

几番思考后,苏黎杰还是回到了南阳。让人意想不到的是,回到家之后的苏黎杰却做了一名普通的油漆工。很多人都对于苏黎杰的抉择不是很理解,他们总会问苏黎杰这样的问题:"你的梦想应该是在北京大展拳脚,怎么能回到小地方呢?"

对于这样的质问甚至是嘲笑,苏黎杰没有过多的解释。其实,这样的决定是经过深思熟虑的,虽然自己也想在繁华的都市里闯出一片天地,但是只有自己最清楚梦想与现实的距离。与其每天幻想梦想,倒不如实实在在地把现实活好。

苏黎杰学做油漆工的消息一经媒体报道,就立即引发了广泛的关注和议论。有人认为北大女硕士当油漆工是"高射炮打蚊子"。但更多人则对她的行为进行了肯定。

接受记者的采访时,苏黎杰如此说道:"我对目前的学习生活非常满意,相对前几年在大城市的奔波,在家乡南阳学习和工作,自己的心情很放松。梦想虽好,但不一定能完全实现。把现实活好,这才是最重要的!"

是啊,梦想虽好,但不一定会实现。把现实活好,这才是最重要的!有梦想是一件好事,但是很多人却不能像苏黎杰这样能够看透,让自己从梦想的国度回到现实中来。他们没有看到,梦想与现实存在着巨大的鸿沟,因此一生都在郁郁不得志中度过。

当然,这并不是说让我们要放弃自己的梦想。我们应该做的,是学会丈量梦想与现实之间的距离,然后回到自己能够得着的高度,再一步一步地往上攀登。现实的残酷只是成功路上必须路过的荆棘藩篱,只是一个让我们梦想破碎的客观原因,但梦想与现实之间,一定有着必然的联系,只要我们能够找到它们之间的纽带,并准确地丈量出梦想与现实之间的距离,从而给自己一个准确的人生定位,那么我们就能在经过岁月的历练之后获得成功。

所以,我们一定要记住这句话:"奋斗虽好,但一定要科学,这样我们才能找到成功的捷径。"

许哲从小就是一个有理想、有追求的孩子。18岁的时候,他就以优异的成绩考上了一所名牌大学,成为一名学企业管理的大学生。进入大学后,许哲的梦想更加清晰明朗化了,他希望将来能拥有自己的公司,自己当老板,成就一番事业,而不是当一个上班族,每天按部就班地打卡上班,领取微薄的工资。

刚毕业的时候，许哲自信满满，准备在社会上大展拳脚。但是，由于资金紧张、人脉不广，许哲觉得自己做什么都缚手缚脚，最后不得不放弃了创业的梦想，和千万名毕业生一样，他挤入了求职大军中。

这个时候的他依然雄心勃勃，他想：凭着自己在大学里所学的知识，加上自己的能力，即使是打工，也必须找一个高级管理者的职位，比如副经理、经理助理的工作，绝不能将自己低价处理，做一个低眉顺首的小员工，那样就和当初的梦想相差太远了。

理想很丰满，现实却很骨感。想法虽是好的，匮乏的工作经验让许哲应聘了很多家招纳副经理职位的公司，却无一例外地被拒之门外。于是，他降低了标准，想找个中层管理干部的职位，如科长、处长之类。但是，结局依然是失败而归，没有一家公司愿意聘请一个毫无工作经验的人当中层干部。

时光飞逝，许哲不知不觉就在招聘会上跑了几个月了，眼见同学们一个个都领到了工资，许哲更加心急，整天愁眉不展。为了生存，许哲不得不再次降低自己的标准——先找个能养活自己的工作就行。

最后，许哲费了九牛二虎之力才找到一份工作：在一个公司做办公室内勤，做一些分发报纸、端茶倒水、接电话的日常性杂活，每个月的工资也只够养活自己。

那段时间，许哲的情绪非常低落，每天都无精打采地混日子。这天，许哲茫然地在街上闲逛，意外地遇见了大学时候的辅导员，于是两人去了附近的餐馆，一起吃了个便饭。在和辅导员吃饭的时候，许哲借着酒劲把这段时间的苦闷发泄了出来。

辅导员耐心地听完许哲的牢骚，说道："许哲，你有远大的梦想，这很好。但有些梦想太遥远，是你现在抓不住的。有的时候，我们要学会实际一点，要清楚梦想和现实有距离！现在的你一定要摆好自己的心态，不要整天为自己的不得志而苦闷，抓住离你最近的梦想，然后一步步向最遥远的梦想走近，这是这个阶段的你最明智的做法!"

辅导员的一席话,犹如当头棒喝,让许哲顿时清醒了许多。回到家后,他反复琢磨着辅导员的话,突然意识到:自己以前的想法实在是太不切实际了!

第二天,许哲带着全新的状态,开始努力地工作,即使只是端茶倒水也做得一丝不苟。半年以后,因为工作认真,他被调到业务部当了一名业务员。在做业务员的日子里,他更加勤奋努力,不久便因为业绩突出,被上司提拔为业务主管,最后一步步成为了业务部经理、主管业务的副经理,成为了公司里独当一面的业务精英。

始终勤勤勉勉的许哲,终于在五年后积攒到了足够的经验和资金,再加上他平时谦虚待人,这为自己建立了很好的人脉。此时,他终于顺利创建了属于自己的公司。经过艰苦打拼,他的公司在市场上站稳了脚跟,成了业内知名企业。

成功后的许哲,想到当年年少轻狂的自己,对辅导员越发感激。正是辅导员当年的一席话,让他认清了"梦想不等于现实"的道理,让他认清了现状,从而在失望中找到了希望,最终没有让自己一直堕落沉沦下去!

梦想与现实,这是所有刚刚走出象牙塔的年轻人,甚至已经有了很多社会经验的人的集体困惑。每个人都有过做梦和角色扮演的年龄,有的我们称为幻想,而有的称为蓝图。这中间的差别就在于——当有一天梦醒的时候,我们是否有勇气说服自己去接受梦境以外的真实。许哲的故事告诉我们,成功是没有捷径的,无论我们的梦想有多么伟大,它都需要现实来裁判。

梦想是在灰色的现实上加上粉色的底片,梦想没有大小,只有实现的难度,很多人都有梦想,也为梦想付出过许多,可在这个竞争激烈、变幻无常的年代,即使有的人付出再多,梦想也只是彼岸的花朵,那个永远在河对面的虚无缥缈的风景。残酷的现实,会让许多人在追寻梦的时候碰得头破血流,最终在生命的河流中随波逐流。

所以,即将或已经走进社会的我们,在努力为理想而奋斗的同时,还要看清现实，摆脱心魔的阻碍，修正前行的方向。只有感受真实的现实，在现实中不断积累经验，我们才能朝着梦想稳步前进。而那些过于虚无缥缈的“理想”，我们则要第一时间把他们忘掉，只有这样，我们才能一步一步触摸到梦想的翅膀！

未来的蓝图，要与自己相符

1980 年，15 岁的汪潮涌考入华中理工大学，被人们称之为“神童”。1984 年到 1985 年，他在清华大学经管学院攻读研究生课程，1985 年他又由清华大学赴美留学，成为最早进入华尔街工作的大陆留学生之一。

1999 年 5 月，汪潮涌在国内注册成立了信中利公司，专司投资银行和融资顾问业务，成为了信中利投资有限公司创始人兼董事长。而早在 1993 年时，他就已经担任全球最大的投资银行摩根·斯坦利亚洲有限公司副总裁，拥有年薪过百万美元的丰厚待遇。

汪潮涌先生辉煌的成长经历，让人不得不感叹上帝有时就是特别眷顾某些人，然而，我们不知道的是，汪潮涌先生之所以能够取得这样的成就，这和他在入行之初的选择和规划有极为紧密的关系。

华尔街是一个金融界的万花筒，那里成熟的金融市场让汪潮涌眼花缭乱。然而在初进华尔街之时，他就明白了一个道理：自己如果跟那些银行家们谈股票、债券，对方根本就不会把一个初出茅庐的 MBA 学生当回事。

想明白了这一点，汪潮涌立刻调整了人生规划，不再去做那些毫无用处的梦。在他看来，做一名技术出色的理财师才符合自己的发展。想明白了这一点，汪潮涌做出了积极的改变，他参加了各种社交圈子，广交金融圈朋友，学习他们的理财投资经验时，并且尽可能凸显自己的特长：他的长处在于，一方面他在清华打下了很好的理工科的数量分析基础，另一方面他善用电脑做差异模型、做统计学模型以及概率分析等。

久而久之，汪潮涌东方式的勤奋让他在华尔街受到了重用，于是华尔街接受了这个中国新面孔，汪潮涌也很快在华尔街如鱼得水。

汪潮涌完成了一个360度的大蜕变，让自己拿到了职业生涯的一张镀金入场券。最终他从当初那个青涩青年，成为了投资以亿元计的金融家。如果没有认清自我与现实，及时地调整自己，重新规划蓝图，如今的他也许依旧还要在华尔街辛苦打拼，绝没有现在的成功和荣耀。

汪潮涌的成功，最关键的几个字就是"认识自己"。他明白自己现在所处的环境和现状，也明白自身的长处和优点，于是通过自己的努力改变，终于为自己创造了一个新天地，让自己的梦想不再是空中花园。

未来的蓝图，要与自己相符。这是汪潮涌先生送给我们的一堂课。那么，如何才能做到这一点呢?认识自己，这是极为关键的。

"你要认识你自己。"这是古希腊先哲留给我们一句箴言。法国伟大的启蒙思想家卢梭称这一碑铭"比伦理学家们的一切巨著都更为重要、更为深奥。"据此我们可以了解认识自我的重要性——只有深刻地认识自己，才能在规划自己的未来方向的时候，有个总体的把控，明确具体的实施细节，进而才能规划出与自己适合的未来蓝图。

其实，"认识自己"并不是什么高深的哲学思维，也不是什么玄而又玄的理论知识。它是指对自己的情感、气质、能力、水平、优缺点、品行修养和处世方式，等等，都能做出较为准确、恰如其分的估量和评价，不掩饰、不溢美。只有这样，我们才能对未来做出准确的规划。现实中，那些成就事业之人，都会审视自己、看清自己，让设计的蓝图与自身完美契合。

大名鼎鼎的李开复，就是一个很会审视自己的人。

曾任Google、微软全球副总裁的李开复，起初却并不是学计算机的。一直以来，他的梦想就是成为一名律师，所以在上大学的时候，他毫不犹豫地选择了政治学和数学。

李开复11岁的时候,就跟随全家人来到了美国。1972年,李开复进入了美国哥伦比亚大学学习"政治科学"专业。但是,学习了两年之后,李开复发现自己并不喜欢政治专业,相反,却对选修的计算机专业产生了浓厚的兴趣,并表现出了惊人的天赋。

很幸运的是,学校是允许学生转系的。于是在大学二年级时,李开复做了一个重要的决定:转系,开始攻读计算机。虽然,所有人都在劝他不要冲动,但他明白计算机才是自己的未来,因此他勇敢地放弃了原来的专业,开始了他在计算机领域的崭新人生。而这个决定,最终改写了他一生的轨迹。

一个人只有看清自己,才能知道自己的长处和短处,才能长而发扬、短而收敛,做到不卑不亢,自信而不失容纳之怀。了解自己的特点所在,才能像李开复那样及时调整自己的人生方向,不让自己浪费时间。所以,正确认识自己,对于我们每个人的成长进步和工作生活,都具有极为重要的作用和意义。

"做人最重要的就是要了解自己。有人适合做总统,有人适合扫地。如果适合扫地的人以做总统为人生目标,那只会一生痛苦不堪,受尽挫折。"漫画家蔡志忠如是说。是的,一个人能否在事业上顺利发展,一个根本的原因就在于能否找到一个最适合自己发展、能最大限度发挥自己才能的职业岗位,只有找准了自己的位置,才能让自己的价值发挥最大的效用。

一个真正了解自己的人,因为对自身的价值足够了解,所以在面对成功时才会有冷静和从容的姿态,在遇到挫折时才不会对自身产生怀疑,更不会因此而自我沉沦。也唯有如此,我们才能在人生奋进的道路中不自夸、不沉浮,客观而理智地规划未来,以一颗坚定而自信的心迎接更大的挑战。

"不识庐山真面目,只缘身在此山中",想要看清自己,这并不是一件容易的事。这就需要我们在用心感受自己的内心之时,还要聆听他人的意见,从客观的角度来观察自己,对自己的长处与短处、性格特征有一个全方面的掌握。只有这样,我们才能让未来的蓝图与自身完全契合,才能脚踏实地地向着梦想冲刺!

成功的法门：把握细节

鲁迅先生的名字在中国可谓家喻户晓，他在北京大学任教的时候，也是全校师生共同敬仰的“偶像”。鲁迅先生能够让这么多人敬仰并一生缅怀，自然是和他博学多识分不开的。但更让人敬仰的，则是鲁迅严谨的治学态度，以及对细节的考究。

“我自己，是什么也不怕的，生活是我自己的东西，所以我不妨大步走去，向着我自以为可以走去的路；即使前面是深渊、荆棘、峡谷、火坑，都由我自己负责。然而向青年说话可就难了，如果盲人瞎马，引入危途，我就该得谋杀许多人命的罪孽。”

这是鲁迅先生在《北京通信》中所写的一段话，由此可见，鲁迅先生对自己及教师的要求是多么高。众所周知，鲁迅知识十分渊博，不但在文学和历史等社会科学领域通晓古今中外，在自然科学领域也有一定的造诣，即使如此，他仍然觉得“教书是很吃力的”，怕“上讲台，讲空话”，怕“误人子弟”。他知道，教书最讲究细节，倘若细节出错，必然会给学生带来错误的信息，这是教师的最大忌讳。

鲁迅觉得要教好书，首先就要“预备足”，他是这样说的，更是这样做的。鲁迅从日本回国之初，是在浙江两级师范学堂任教，那时候他是讲授生理学、化学课。为了把课讲好,他经常"灯下看书,每至深夜",足见其备课的认真程度。另外,鲁迅先生还常常自己编订讲义,以便能让学生学到新知识。

后来,鲁迅受林语堂之邀赴厦门大学任教授。在厦大任教的时间虽然只有135天,但他为了不辜负学生的厚望,抛开学校的旧讲义,用很短的时间,夜以继日,认真地编订了一本较好的新讲义。在他看来,旧讲义存在诸多纰漏,如果不找出其中的细节错误,那么对于学生必然贻害终身。

正是这种对细节的考究,使鲁迅在授课时更加生动有趣,学生无不赞扬。

"成大事者不拘小节",这是很多人常常挂在嘴边的话。但殊不知,连小事都完成不好,大事怎么能做好?凡事"预则立,不预则废",鲁迅能够获得学生的交口称赞,就是因为他认真对待授课课程中的每一个细节。试想一下,如果鲁迅不懂得把握细节,只知道在讲桌上讲空话、套话甚至是错话,那么他的课程还会让那么多人记忆深刻吗?

海尔总裁张瑞敏曾说:"只有把每一件简单的事情做好,才能变得不平凡。" 麦当劳创始人克洛克也曾说过这样一句话:"如果你想经营得出色,就必须使每一项最基本的工作都尽善尽美。"正是有这份认识,海尔才能从一个濒临倒闭的冰箱小厂越做越大,最终发展成为驰名全球的家电品牌;正是有这份认识,麦当劳才能在世界上那么多个国家安营扎寨。

事实上,在我们的工作中,不可能每天都有惊天动地的大事要我们去做。决定一家企业、一段人生是否向前发展的,往往就是那些不起眼的小事。所以,我们一定要有一个"细节考究癖"。

这个故事是一位法国商务经理亲身经历的。那几年,因为业务的关系,他需要经常往返于东京和大阪之间, 于是总是委托东京一家贸易公司的小姐为他购买来往于东京与大阪之间的火车票。让他奇怪的是,他每次去大阪时,座位在右窗口,返回东京时座位在左窗口。

难道这只是一个巧合吗?似乎并没有那么简单,于是他好奇地询问那位小姐其中的缘故。

"车去大阪时,你坐在右边,就可以观赏到富士山美丽的景色。当你返回东京时,富士山已经到你的左边呢,所以,我就给你买靠在左窗口的车票。"那位小姐笑着回答。

答案虽然很简单,但是却让他大吃一惊,没想到会享受到这么体贴入微的服务。他说:"这家公司的职员连这么一件细小的事情都能想得这么周到,那么,跟他们做生意还有什么不放心的呢?"于是,他对这家日本公司的贸易额由200万法郎提高到1000万法郎。

这个故事告诉我们,生活中处处有机会,只要我们懂得把握细节,就能给自己或是团队带来意想不到的收获。

其实在大多数时候,我们的失败并不是因为我们的能力欠缺,而是在工作中很容易粗枝大叶、应付了事,甚至对于某些决定事情成败的细节视而不见。一个人总是马马虎虎、错误百出、永远不知道自己为什么而繁忙,他怎么会取得成功?所以,当一个人能够尽善尽美,不放过任何一个细节,成功就离他不远了。

那么,我们要怎样才能把握住细节呢?要想做好这一点,可以从以下三条进行努力:

1.培养自己的耐心,凡事从小处着手

经常提醒自己,不论多么微小的事,都不要敷衍了事地匆忙结束。只有一步一步地来,慢慢地把握住要领,才能降低失误的风险,有效地体现自己的能力。要知道,大多数时候不是发现不了那些细节,而是没有认真对待的耐心。

2.善于发现,胆大心细

一个心细的人必然是个善于发现的人。只有善于发现那些细微之处的人,才能更早地发现问题,尽量地回避失败。但是,如果一个人只是细心,而胆量不大,那么就容易变得畏首畏尾,缺乏决断能力,则很难取得进步。所以,一个成功的人胆要大、心要细,二者缺一不可。

3.重视细节

我们的一言一行、一举一动都会影响到别人对我们的判断，只有重视细节才能使自己在别人心中留下一个美好的印象，从而有助于我们的事业发展。

总之，要想让自己有一番作为，就一定要在细节方面下足工夫，把每一件小事都做到极致，把每一个细节都做到完美。当我们养成这样的习惯之后，并潜移默化地把这种习惯变成我们能力的一部分，那么，成功也就变成一件理所当然的事了。

脚踏实地，拒绝“飘”的状态

1956年夏，北大哲学系本科毕业的陈刚被学校推荐给洪教授做研究生。他们这届研究生是春季始业，即到1957年2月才正式开学。然而，洪教授在1956年秋季就开始安排他学习了。陈刚很快就感觉到，在洪先生门下学习，实在不是一件轻松的事情。

按照先生的规定，陈刚应该每隔两周去见他一次，向他汇报学习的进度和情况，然后提出问题和讨论。陈刚觉得每次去见洪先生都仿佛去参加一次考试，丝毫不敢马虎。因为洪教授特别强调做学问要细，不能存在“飘”的状态。

首先，洪先生一再叮嘱，读书要细。字句要弄得清清楚楚，不能半生不熟、囫囵吞枣。每次陈刚去向他汇报学习情况时，洪先生都会在参考书上找出一段话来要他讲解，因为当时的参考书是英文本，所以他还要求逐字逐句当场口译出来。对每个词的含义和句中各词间的语法关系，他都很仔细，稍有差错，立刻纠正，并且不厌其烦地说，读书和翻译都要一字不苟，否则就会“差之毫厘，谬以千里”。

其次，在研究问题、思考问题时，洪教授的要求也非常细致。他要求陈刚勤于分析、善于分析，坚决反对粗枝大叶，浅尝辄止，抑或是大而化之地高谈阔论，在他看来，这是一种虚浮，是对学问的不尊重。

有一次，陈刚读完培根的《新工具》，于是洪教授要他谈谈对培根哲学的理解。陈刚因为没有就《新工具》一书的内容具体地阐述培根的思想，只是笼统地大谈一通他的唯物主义经验论、辩证法因素等，而被洪先生训斥了一通，并被要求回去写一篇"仔细分析"培根归纳法的读书报告。

这是陈刚在学习上唯一的一次遭到洪先生的训斥，但正是因为这次训斥，让陈刚在以后的学习中更加细致，更加脚踏实地。正是带着这样的态度，陈刚在学术领域成为了一名佼佼者。

洪教授的治学态度，表现出了北大人实实在在、不虚浮的精神。不单单是治学的态度，在对待人生的时候，我们更应该持这样的态度。拒绝"飘"的姿态，把一切问题都落在实处，细致、谨慎地对待生活中的每一件事，那么我们的字典里就不会出现"迷茫"这个词了。

然而，"飘"却似乎成为了目前社会的主流。很多人总是失败、总是迷茫，就是因为他没有规划好自己的未来，不能脚踏实地地做事。一个成功的人，会把心中的憧憬规划到未来的人生里，并且愿意脚踏实地地去钻研、去思考，直到实现为止。

反观那些失败的人，他则把心中的憧憬放在自己的幻想中，用顺其自然的心态生活，既不主动去寻找机会，努力实现自己的梦想，也不去不断提升自己，把自己的命运交给一种叫做"宿命"的东西，他们的口头禅是"一切随缘"。这看起来很"潇洒"，但实质上只能用"飘"字来形容。

艾嘉是公司里的部门领导，温柔平和的她在同事及下属中享有很高的声誉。因为没有领导架子，有很多新员工在平日里都喜欢来找她谈心。在和这些年轻人的谈话过程中，艾嘉对事业有了更清晰的认识。

这天，又有一个刚入职不久的大学生来找她解除自己的迷惑："艾嘉老师，一直以来我的最大目标就是能够通过自己的努力改变自己的生活处境，可是，现在的工作让我连日常生活都满足不了，所以我对现在的工作感到厌倦，甚至提不起一丝兴趣，你说我该怎么办呢？”

“如果你对现在的工作不满意，那么，你想从事什么样的工作呢？”看着这个在职场中有些迷茫的新人，艾嘉微笑着问道。

那位新职员想了想，说道：“我也不知道。听很多人说现在做销售非常赚钱，我想去从事销售，可是我没有信心能够做好。所以，我的内心极度矛盾。”

艾嘉点了点头，继续说道：“那你告诉我，你自己认为，什么样的工作最适合自己？”

听了艾嘉的问题，新职员沉默良久之后吞吞吐吐地说：“我也不知道。这么多年以来，我一直没有考虑过这些问题。我只是想要改变自己的处境，但根本没想过怎么去改变，我也不知道我究竟喜欢什么。”

顿了顿，新职员语气坚定地接着说道：“我想，我确实应该对自己重新认识了，也应该对自己的目标有所树立了，这样才能对自己的未来有一个清晰的定位。”

看到新职员有所领悟，艾嘉微笑着点了点头，然后说道：“这就对了，你有了这样的认识，才算真正地成熟起来了。现在，你最需要去做的两件事是：首先，看清楚你要的是什么，而大多数人从来不知道要这么做。其次，对你的未来作好规划，并努力去实践这些规划，这样，你离成功也就不远了。”

看着新职员依旧有些迷惑的表情，艾嘉继续说道：“年轻人，其实当年的我和你一样，刚刚步入社会，感觉找不到方向，生活中只有‘飘’。如果想要实现自己的目标，改善自己的生活，只有脚踏实地，给自己一个长远的、切实可行的计划，这样，你才能在以后的日子里给自己一个交代。”

艾嘉说得没错，要想实现自己的目标，只有脚踏实地，给自己一个长远的切实可行的计划。生活中，有很多人都没有意识到这一点，总是抱着得过且过的心态，在工作中喜欢干到哪儿算哪儿，从来没有一个长远的计划和明确的目标。他们就这样恍惚地过完一生，到头来发现自己的生命没有任何意义。说得更直白一点，一个没有目标的人，就好比一直“飘”在天空的风筝，没有目的地飞翔，有风的时候飞得更高，没风的时候就会跌落，自己的人生，完全由外界的力量掌控着。

其实，真正阻挠自己成功的，正是那份"飘"的状态。那么，什么状态算"飘"呢？打个比方，现在的年轻人都很喜欢旅行，总会对旅行有着各种想法。但是，他们只有对旅行盲目地向往，却不为生活做点实际的规划。这样的人，谈不上体会生活、感悟生活，更不像他们自己所说的那样，行走在路上是一种精神的超脱，因为生活对他们而言，只是由假期来做一个片段一个片段的切割，和做一天和尚撞一天钟没有什么区别。同样，工作对于他们来说，也只不过是养家糊口的手段，谈不上任何的抱负与追求，这就是典型的"飘"的状态。

一个人不管多优秀，有多么优越的家境，"飘"的状态是万万要不得的。只有当我们对未来有了准确的定位，并计划如何实现它的时候，我们才能看清未来的轮廓，才能把阻挡在路上的绊脚石当作铺路石，继续向自己的目标迈进。所以，从现在起，衡量自身实力，认识到自己的优势和不足，对目标予以调整，给自己的未来一个具体的规划，只有这样，你才能达到人生的最佳状态，过上自己所期望的生活。

务实一点，小事不做难成大事

众所周知，中国的“两弹一星”元勋，大多数来自清华，他们要么是清华大学的教授，要么是清华大学的学生。清华人为之献身的“两弹一星”事业铸造造了中华民族的核盾牌，这是中国其他任何高校无法比拟的。

为什么清华大学能够让政府委以如此重任？很大一部分原因来自于清华人务实的性格。

为了不让政府失望，不让人民失望，清华师生付出了常人无法想象的汗水和艰辛。陈为华、卓金叶，都是清华学子，他们辛苦奉献着知识，把青春和健康留在了茫茫戈壁上。退休后，他们没有职称，却乐意做最普通的基层工作。

他们当然也知道坐在校园里的轻松自得，安然舒适。但是，要想让中国的“两弹一星”向前跨一步，只是纸上谈兵是万万不行的，只有务实一点，不放过任何一件小事，才有可能跨出这第一步。于是，他们来到了茫茫戈壁上。在这里，有太多细枝末节之事，然而这些事，都是“两弹一星”的关键所在。

正因为这种务实的态度，清华大学才能为祖国的崛起奠定基础。他们那种务实的作风，影响着一代又一代人。现在的很多人都做着一夜暴富的美梦，每天空想着“赚大钱、成富豪”，却没有一种务实的态度。想要实现这个目标必须一步一步来，所谓"小事不做难成大事"就是这个意思。

现实社会中，很多人好高骛远，梦想自己有朝一日能财源滚滚而来，心态扭曲。他们只想发大财、赚大钱，赚小钱的机会看不上眼，忘了积少成多、聚沙成塔的道理，以至于终其一生都实现不了自己的梦想。清华人务实的态度是现在所有怀抱一步登天心态的人应该学习的。

想要成大事的梦想无可厚非，但是我们要明白，任何一栋高楼大厦都是由一块一块的砖头垒成的。那些你所憧憬的巨额财富，也是由无数个"一元"组成的。"不积跬步，无以至千里，不积小流，无以成江海"，任何事情都是一个从小到大的积累过程，财富也不例外。当我们忽略了身边的无数个小钱的时候，我们就和大钱遗憾地失之交臂了。

前几年炒得很热的"西施冰糖葫芦"现在已经开了很多家连锁店，卖冰糖葫芦是大生意吗？当然不是！但是，当你开上成千上万的连锁店的时候，你还能说生意小吗？道理虽然浅显，但是又有多少人可以明白？事实证明，大凡想要一步登天的人，终究会付出惨重的代价。看看现实，那些不但没有赚钱，反而血本无归、一败涂地的人，哪一个将小事放在了眼里？

小事不做难成大事，同理，小钱不赚也难赚大钱。为什么那么多年轻人总是无法实现致富的梦想？恐怕眼高手低，正是自己的第一杀手。

陈锋是一个很有想法的年轻人，大学毕业后，在一家外贸公司工作了2年，然后辞职开了一家属于自己的外贸公司。在他工作的期间，他已经有了很多客户，这让公司很快就步入了正轨，发展趋势良好。

看到自己如此简单就小有成就，陈锋的野心不免大了起来。他想，用不了多久，自己就会成为行业的龙头，再不用和那些小客户打交道了！于是，他自鸣得意起来。

一天，当一位长期合作的客户给他打电话，说要进购一批商品之时，陈锋却傲慢地说："你一个多月才在我这里发了几次的货，我认为你是个做不大的客户，这种小生意不值得我亲自出面，要不你直接联系我们的业务员吧？

要是你和他谈不好，换别家也成。”

听了陈锋的话，对方也没有生气，只是冷笑着说：“好的，我们这些小公司就不为难你了，祝您财源广进，后会无期。”挂上电话之后，陈锋还不以为然，但是，自此以后，他的生意一落千丈。原来，那位客户对其他做生意的朋友说起了此事，大家无一不表示出了愤慨。恰巧，这几位朋友都与陈锋有业务往来，于是大家都和陈锋断绝了合作关系。

即使这样，陈锋依然不把这件事放在心上：“反正我还有更大的客户，能赚得更多，干吗还在乎他们？”

但是，让陈锋没有想到的是，没过半年，外地的数家大型外贸企业开始进驻本市。因为财小气短，他的公司在和那些大型企业的竞争中相形见绌。很快，那些大客户选择了其他更加优惠的公司。这一下，让陈锋措手不及，大客户丢了，小客户不愿来，公司很长时间接不到订单，资产迅速流失，结果没过多久他的公司就宣告破产了。

“莫以利小而不为”，陈锋的失败正是因为不懂得这个道理。陈锋如果能认真对待那些小客户，那么，他在行业内的口碑自然会水涨船高。即使遇到强势集团的打压，他也有竞争的资本与实力！明智的生意人从来都不会拒绝任何一笔小生意，他们会因为善于积累而变得富有。而这正是平凡的我们最容易忽视的地方，小钱不肯赚，只想大钱，到头来不但大钱没赚到，甚至连小钱都赔个精光，我们要记得陈锋的教训。

现实中，我们经常会听到这样的声音：“这样的小事情老板也让我做，我又不是来打杂的、“我是来公司学习东西的，如果做那些没有价值的东西，我宁愿选择辞职……”也许这样的牢骚我们都发过，我们总觉得把自己的精力浪费在那些琐碎的小事上太不值得，既然公司雇佣了自己，那么自己就应该把精力放在那些最重要的事情上。

然而，究竟什么事情，才能算得上有“大价值”？中国的道教创始人老子说：“天下大事，必作于细。”其实，每个人所做的工作，都是由一件件小事构成的，而成功的要诀正体现在这些小事上，任何一件小事都不能敷衍应付或是轻视懈怠。其实，很多成功的人都不是一开始就被上司赏识，并委以重任的，他们也是从琐碎的工作做起的，就是因为他们在这些小事上寄予了更大的耐心和细致，没有敷衍了事地工作，最后才得到了做大事的机会。如果连小事都做不好，别人怎会把大事交给你呢？

"泰山不却微尘，积小垒成高大"。对初次创业的人而言，只有不嫌弃每一分硬币，自己才能获得更多财富。也许在初期，你挣的都是小钱，但那种务实的态度，会感染每一个与你合作的人，帮助你建立良好的口碑，这就是一笔丰厚的收获。那个时候，你会发现自己已经占领了市场先机，大事自然不请自来！

未雨绸缪，看清未来的路

梅贻琦是清华大学的著名校长，与传奇北大校长胡适相比，他的名气似乎小了很多。梅贻琦的一生仅仅做成了一件事，那就是奠定了清华的校格。不是每个人都可以做成这件事的，梅贻琦之所以能够做到这一点，正在于他看清了未来的路，并懂得未雨绸缪。

清华大学的前身是一所留美预备学校，虽然颇有名气但并没有多高的学术地位。著名经济学家陈岱孙回忆，1929年他到清华教书时，清华已经有两年大学班了，那时的清华报名人并不太多，例如录取150名学生，报名不过400人左右。但是梅贻琦任校长之后，不到10年时间，便令清华声名鹊起，成为莘莘学子无限神往的学府。

清华能够有这样“飞跃式”的发展，关键在于梅校长看清了未来的路。梅校长深知，想要打造一个知名学府，就必须建立起完善的体制和思想，这是一个大学发展的必然。

梅贻琦任校长后采取了一系列的措施，首先奉行“教授治校”原则。清华大学教授会由所有教授、副教授组成，其权限包括：审议改进教学与研究事业以及学风的方案；学生成绩的审核与学位的授予；从教授中推荐各院院长及教务长。教授会由校长召集和主持，但教授会成员也可以自行建议集会。

至于另外一个机构评议会，是学校最高的立法、决策和审议机构，以校长、教务长、秘书长、各学院院长，以及教授会互选之评议员组成，也相当于教授会的常务机构。评议会的职权包括"议决各学系之设立、废止及变更；审定预算决算，议决教授、讲师与行政部各主任之任免……"

对于成绩考核，盛传梅贻琦也有了明确的规定。梅贻琦时的清华有三难：进校门难、读学分难、出校门难。任何一门课，59.99 分的成绩也要重读，没有补考，然而绝对公正。这些体制和思想，使清华的校务始终井井有条。

梅贻琦校长这种科学严谨的态度，成为了清华精神的重要组成部分，并延续至今。他看清了未来大学的发展趋势，因此果断制定了一系列针对性的规章制度。正是这些充满远见的制度，给清华大学插上了腾飞的翅膀，使其成为了如今中华大地上的最高学府。

如果梅贻琦不懂得未雨绸缪，采取一系列措施，清华大学还能在那个动荡的年代里依然向前发展吗？清华大学还能成为现在所有人为之向往的学府吗？答案显然是否定的。人生之路也是一样，都是在风雨飘摇中不断前行的。面对这样暗流汹涌、荆棘丛生的道路，你必须看清未来的路，并懂得未雨绸缪，才能躲避危险，逃离陷阱，慢慢地使自己强大起来。

"未雨绸缪"虽然只有简单的四个字，但是想要做到这一点，却是一门高深的学问。有很多曾经获得过许多鲜花和掌声，拥有常人无法企及的辉煌，但最终却湮没在人海中的人，无一例外都是在"未雨绸缪"方面不够优秀，最终才导致了悲剧的发生。因此，提高未雨绸缪的能力，这是我们的当务之急。在低谷时期看到未来的希望，在巅峰时刻意识到潜在的危机，只有拥有这种"走一步，看三步"的人，才能永远在竞争中站稳脚跟，永远不会失去自己的战场。

江波大学毕业后去了深圳，经过几年的积累，他认为自己已经有了单干的能力，于是毅然辞去工作，回到了老家。凭着商业嗅觉的灵敏，江波看准保健品里潜藏的商机，于是开办了一家生产、销售保健品的公司，一时间享誉全国，江波也因此掘到了人生的第一桶金。

然而几年之后，随着保健品市场的兴盛，竞争也越来越激烈。也许是因为被这巨大的成功蒙蔽了双眼，江波的集团在那之后一直没能开发出新产品，一直止步不前。看到国内其他的保健品纷纷上市，措手不及的江波如热锅上的蚂蚁，想要找到突出重围的方法。

着急之余，江波想要利用所谓的“民间验方”、“宫廷秘方”研发新的保健品。但是因为准备不足，这个想法终究流产，江波最后一丝希望也破灭了。不进则退，江波的公司快速地从成功的顶峰滑下了低谷。

现在，当其他公司推出了一系列的保健品、保健茶、保健鞋垫，并快速地将各地市场占领之时，江波的公司却因欠了许多债务而破产。

江波的团队之所以没能发展壮大，就在于江波缺乏基本的忧患意识，没能够未雨绸缪，防患于未然，从而失去了市场的主动权。英特尔公司前总裁葛洛夫有句至理名言：“唯有忧患意识，才能永远长存。”当你的事业逐渐发展壮大时，它衰落的可能性和危险性也在增大，这时你更要有居安思危、防败守业的意识，只有这样，你才能在受到冲击的时候，不至于措手不及。

“今天商场上的胜者，谁都不能保证他明天还是赢家。因此，聪明的创业者应时时有一种危机感，具有忧患意识，对一切可能出现的不利因素有所认知。对于意识到的即将发生的危险问题，要及时处理，不能拖延。”

这段话，是日本著名的企业家松下幸之助的一段经典名言。的确，“世界上没有常胜将军。”你这次成功了，下次或许会失败。如果你因为一次偶然的成功而扬扬自得，甚至躺在功劳簿上睡大觉，那么迎接你的注定只有陨落。时刻都会充满危机感，有时刻准备接受突发事件的意识，这才是真正的强者。

那么，我们要怎样才能提高自己未雨绸缪的能力，做最后的赢家呢？首先应该注意以下两点：

1.任何时候都要储存自己的能量

为了适应气候和季节的变化，我们会修筑水坝，拦挡和储存河川中的水，保持必要的蓄水量。同样，一个公司不管是人力，还是财力都应像水坝一样，有适当的库存，这样才能维持持续稳定的发展。因此，作为企业领导的你，想要得到稳步发展，就要保持优秀员工的不流失，以应付市场的急增，为下一个经营周期做足准备。做到这一点，即便外界发生变化，也能迅速、适时地采取相应对策。

2.忘掉过去的辉煌

很多人一味地沉溺于过去的成功经验，不知道随着时代的步伐不断前进，最终也只能以失败收场。我们要记住，只有在事业如日中天的时候，就开始着手下一步的计划，忘记所谓的"巅峰"，这样才能保障你的事业永远进步，才能让你笑到最后。

归根到底，当我们能用未雨绸缪的科学方法来思考未来，那么，未来的你，一定会成为一名让人钦佩的强者！

拥有创造力，才能提升实力

前两年，“北大猪肉佬”的新闻引起了社会大讨论。北大高才生的陈生，为何会选择卖猪肉？同时拥有清华大学 MBA 学历的他，为何要走上这样一条路？

倘若只是将陈生当做一名“杀猪佬”，那么这就大错特错了。陈生毕业后，曾在广州市政府做公务员，后来选择了下海经商。创业之初，他搞过房地产，摆过地摊，做过许多小生意。因为无意间研发了苹果醋，于是成为了这个行业的领军者，最终成就了占据中国醋饮料行业半壁江山的天地一号。

陈生是一个头脑聪明、极富创造力的人，他行动迅速，做事果断是出了名的。因为一次偶然的机会，他发现高端猪肉市场的空白，于是他在公司全部高管集体反对的情况下，毅然决定进军猪肉行业。

陈生的选择，在大多数人的眼中都是不可理喻的：一个拥有高学历的知识分子，选择了养猪，的确让人匪夷所思。后来，他还聘请硕士生杀猪，年薪十万，更引起了人们的广泛关注。

很多人都说，陈生这样做简直有辱斯文。陈生却说：这是他们的思想太落后了。在几年的时间里，陈生不断探索，他走访了全国，找到了有最好的猪肉的土耳花猪做种猪，开始喂养。为了保证猪肉的土产特色，他不采用饲料喂养,而是采用散养。

更让众人大跌眼镜的是,他还定期给猪开运动会。当猪喂成成猪后,他的宰猪分割都与众不同,把猪进行解剖,仔细研究,保证了猪的肉质,也让猪肉卖到了最高价。

猪肉上市后,他的销售方式也是与众不同的。在密集的猪肉摊位中,他们的摊位是那样的引人注目,员工人数众多,而且都是统一制服,他们的服务周到热情,并且不断大声叫卖:红烧排骨,红红火火;清蒸排骨,蒸蒸日上……每一个环节都有许多创意。

在陈生的不断创新、不断改进下,他把生猪这个传统的行业打造成了一个高端的品牌。他的壹号土猪,遍布广州市的很多市场,并且正在逐步扩大规模,年销售达到3亿元。他颠覆了传统养猪这个人们看不起的行业,自己也早已成了亿万富翁。

可以这么说,是陈生重新发明了养猪,他的成功是无可复制的。

陈生的过人之处就在于他敢于不断创新,想别人不敢想、想不到的事情,努力做到完美的境地。没有人不想取得像陈生一样的成功,都希望自己是一个充满实力的人。想要做到这一点,我们就必须提升自身的创造力,永远走在别人的前面。

然而,有很多人却认为如果自己太特立独行,有时反而会受到别人的排挤,他人会耶笑自己是痴人说梦,于是将自己的创造力埋没了。但纵观古今中外的成功人士,大多是充满创造力的,而循规蹈矩,永远踩着别人的脚印走的人则一生籍籍无名。

事实证明,在很多时候,创造力的价值是无可估量的,一个有创造力的人是最有实力在社会上一争长短的人。首先,一个有创造力的员工,是企业的明天和希望,因此他们就成为了最受企业和老板欢迎的人。其次,因为拥有创造力,你才会找到一条全新的发展之路,实力自然会比他人高出许多,这是那些缺乏创造力的一般人望尘莫及的。最后,在和别人竞争的时候,创造力是最强有力的武器。因为比经验，我们比不过前辈；比能力，我们和同龄人不相上下。因此，要想在竞争中胜出，我们必须要让脑子灵活起来，利用创造力提升实力，从而让自己在社会中拥有一席之位。

美国《商业周刊》曾经推出了一本名叫《21 世纪的公司》的特辑，其核心观点是：21 世纪的经济是创造力经济，创造力是推动财富增长的唯一动力，创造力是现代企业中许多卓越人物的成功秘诀，过去几十年社会的种种进步，都是源于人类的一种无法预测的创造力。所以，千万不要小看创造力，21 世纪正是一个比拼创造力的时代。

创造力如此有价值，那么它仅仅只是灵光一现吗？当然不是，创造力是需要培养的，以下这几种方法，就有助于创造力的培养：

1.学会捕捉灵感

机会稍纵即逝，灵感也是电光一闪间碰撞出的火花，它来无影去无踪。因此，每当灵感来袭之时，我们要立即将它捕捉。不让偶然的灵感溜走的最好方法是将便条纸随时带在身上，当碰到新事物、新想法的时候，就随手记录下来。

2.对于"答案"要有吹毛求疵的态度

大多数人在面对一个问题的时候，常常只满足于一种答案，一旦发现解决方法，马上就会松口气说："这办法不错，就这么办吧。"然而，要想拥有创造力，你就要这样对自己说："方法是不错，不过可以再想想看，有没有其他更好的方法。"因为对自己有这样的要求，于是你就会不停地去尝试，在找寻各种方法的时候不断地思考，在不拘一格地思考中，创造的灵感也离你越来越近了。

3.多出去走走，换个环境有助于发散思维

一个人不能长期生活在一个环境中，否则就容易形成思维定式，而思维习惯形成后会助长思维的惰性，因此太过熟悉的环境会束缚人的思想，换个新环境反而能大大激发人的创造力。研究表明：人们坐在飞机上更能想出好点子，当飞离地面八英里高时，人的心思往往会处在极端的创造区里。

因此，想要激发自己的想象力，就去公园散步或在海滩漫步；如果觉得自己的创造力已经枯涸，那就选一个假期去乡下租间小屋，在那里生活一段时间，对激发创造力也同样会产生帮助。如果你急需要一个好方案，千万不要在办公桌前埋头苦想，到不常去的地方走一走吧，说不定就会有意想不到的收获。

及时回头也是一种进步

2008年，考入清华大学的文科学生张璐，却在进入清华大学后毅然转入理科，改学建筑学专业。

是什么原因使她做出这样的选择？原来，张璐的高考成绩虽然是重庆市文科第8名，但清华文科的招生人数是很少的，这对张璐来说是很残酷的。在和清华招办老师探讨选择专业时，她心仪的国际金融或社科实验班把握都很小。

但是，张璐却显得很倔犟，她说："如果不能进入理想专业，宁可放弃清华自主招生得到的30分加分，而去选择其他学校中理想的专业。"

招生办的老师，开始与她进行细致地沟通。得知她学过绘画后，老师建议她转入理科学习建筑。

"当时听到这样的选择非常激动，我当场就答应了。"张璐如此说道。原来，张璐从小就喜欢建筑，每次和父母出去旅游，都会留心各地不同风格的建筑。国外的文理不分科，香港中文大学的建筑学也是招收文科生，但国内大学却都把建筑学划到理科，文科却没有涉及。

被清华建筑系录取给了张璐重圆梦想的机会。她说："如果我固执地坚持选择文科，那么一定无缘于清华大学，因为喜爱建筑学而带来这次转折，我觉得非常满足！"

"坚持就是胜利"这句话被很多人奉为座右铭，的确，有坚韧的毅力是一种可贵的品质。然而在生活中，有很多事情都是我们无法预料的。因此，在我们追求理想的时候，总会遇到百般努力仍然成功无望的情形，这时候，我们需要的就是学会放弃。这其实正是一种科学的人生态度。

其实，人生不需要无谓的坚持。如果在前进的过程中发现前面的路不可走，但还是一味地坚持，那么这就有可能造成一生的碌碌无为。要知道，人生的过程就是一个不断放弃、又不断得到的过程，要想成功就要有正确的选择，选择对了，是成功的帆；选择错了，便是拦路的石。尤其是遇到追求的目标不可能实现时，及时回头无疑是一种进步。

一天，苏格拉底和一个学生步行去一座城市。途中，他们遇到了一块巨石，于是都停下了脚步。

看着眼前的巨石，那个学生苦恼至极。苏格拉底用手指了指旁边的路说道："孩子，我们从那条小路绕过去，不就可以了吗？为什么要这么苦恼呢？"

学生却坚定地回答道："不，我不想绕，我要战胜这块挡住我们去路的巨石。"

看着学生坚定的眼神，苏格拉底却问道："孩子，你确定你有可能战胜它吗？"

"虽然很难，但是我有勇气和信心打倒这块巨石，我要战胜它！"学生回答道。

但是，现实是残酷的，经过艰难地尝试，学生一次又一次地失败了。最后学生无比懊恼，痛苦地说道："连这个石头我都不能战胜，我怎么能完成更伟大的理想！"

听了学生的话，苏格拉底意味深长地说："孩子，我们需要有一颗坚持不懈的心，这样才能走向成功。但对于做不到的事情，坚持不如放弃。"

是的，对于做不到的事情，坚持不如放弃。在追求梦想的过程中，当我们为目标付出百般努力，用尽了各种方法都不能实现的时候，那么就选择放弃吧，只有放弃错误的追求，我们才能找到人生的正确方向，做出正确的选择。

我们不妨学学壁虎的生存哲学。壁虎在受到惊吓或者有人捉它的时候，它立即把自己的尾巴折断，然后逃命。放弃一条尾巴而保全生命，这就是生活的强者。追寻人生目标亦应如此，当生活强迫我们必须做出抉择的时候，主动放弃局部利益而保全整体利益，这才是最明智的选择。

当然，放弃只是在某些情况下的一种明智选择，但这绝不能成为我们逃避困难的借口，也不能成为事业上免除责任的托词。放弃，并不是让自己丢掉自己的恒心和毅力，而是为了更好地去战斗。对于这个度，一定要懂得把握。要么成为一个只会钻牛角尖的人，要么成为一个总是半途而废的人，这都是和我们的初衷背道而驰的。总之，一个有理想有抱负的人一定要懂得：及时回头也是一种进步！

第 7 课

“忠诚守信，敢于担当”的处世原则

想要成为一个强者，就必须拥有“忠诚守信，敢于担当”的处世原则。看看蔡元培、王国维，这些北大、清华历史上的知名学者，他们无论对待什么人、什么事，都能做到忠诚和勇于担当。正是这种态度，使后来的北大清华学子充满了让人佩服的处世原则。

信守承诺——行走社会的第一原则

1917年1月9日，蔡元培就任北京大学校长。他在就职仪式上说道："大学者，研究高深学问者也。"他就任后的第二年亦强调："大学为纯粹研究学问之机关，不可视为养成资格之所，亦不可视为贩卖知识之所。学者当有研究学问之兴趣，尤当养成学问家之人格。"

与此同时，蔡元培决定整顿北大的教师队伍。在他看来，一所大学学术水平的标志就在于教师群体的学术水平，而以往北大的很多教授，很多教师名不副实。然而，关于蔡元培的决定，绝大多数人冷眼相待。因为当时的北大，有不少教职人员都是通过各种关系进来的，尽管他们学术能力不高，但靠山很硬，蔡元培敢拿他们开刀吗？

当时的很多人，都有这样一种看法："蔡元培一定会食言的！"然而，蔡元培接下来的行动，对于所有麻木不仁的人是一记响亮的耳光！一方面，他邀请学有所成、富有声誉的专家学者来北京大学任教，一方面辞掉一些不称职的中外教师。对于那些即使富有学术声誉，但私生活糜烂，甚至诱引学生与之堕落的教师，也坚决解聘。

经过此番整顿，北大教师队伍明显表现出平均年龄小、富有学术活力的特点。根据1918年统计，217个教员中，90个教授，教授平均年龄三十来岁，对其中 76 人的统计显示，50 岁以上 6 人，35 岁以下 43 人，像胡适、刘半农等被聘为教授时仅二十六七岁。

蔡元培的言出必行，让全校所有师生大加赞赏与钦佩。蔡元培通过不懈努力终于塑造出了一个全新的北京大学，而他也成为北大历史上最为杰出的校长之一。

信守承诺，这一直是中华民族的传统美德。每个人都渴望诚信，也希望能够通过诚信来展示自己的个人品牌。但诚信却不一定人人都有，它是需要人们在生活中，从自己的言行举止里，一点一滴建立的。

大仲马说过：“当信用消失的时候，肉体就没有生命。”从小事做起，从点点滴滴做起，建立一个诚信的形象，这才是立身于世的根本。的确，诚实坦率的品德，无论在职场上，还是在创业的路上，都是每个人必不可少的。言行一致，重承诺，守信用，这样的话，以后做事就会产生一个正向的循环，别人的评价会让没有和你共过事的人也知道你。

“言忠信而行正道者，必为天下人所心悦诚服。”一个人讲诚信，自然能建立起良好的人际关系，让你在第一时间获得对方的认同。所以，不要羡慕别人为什么总是能够得到别人的青睐，归根到底还是因为人家用诚信打响了品牌，赢得了所有人的信任。诚信不分大小，有人曾经算过这样一笔账，他说，在一个人面前守信一次，对方就会把你的诚实说给 10 个人听；在这 10 个人面前你守信第二次，这 10 个人就会把你的诚实说给 100 个人听……这样口口相传，终有一天你就会变成诚信的代名词，因为有了诚信的口碑，只要别人有了需要，首先会想起诚信的你，这就是你的无形资产。

2008 年，在深圳的一次商品交易会上，外商皮特手拿一件长毛绒玩具小狗样品，要找厂家复制。他问一家知名企业的推销员：“什么时候能够交货？”

推销员觉得这笔生意利润不大，便随口回答：“最少需要一个月时间。”外商立即拿回样品，十分遗憾地说：“来不及了，我明天就要离开深圳。”

这时，一直在旁边观察情况的一家小玩具厂的周厂长走到外商面前，向他做了简单介绍后说:“这笔生意就由我们玩具厂来做吧,明天上午10点,我保证拿出复制样品来。”

皮特有些怀疑:“你们一家小规模工厂,人员、技术都稀缺,明天上午交出复制样品,这怎么可能?”

这时候,周厂长胸有成竹地说:“请相信我,明天上午准时交货。”外商仍然十分疑惑,但由于没有更好的办法,也就答应了。

周厂长回到住处,便和助手们忙了起来。经过一个通宵的紧张工作,第二天上午10点,周厂长准时带着5件复制样品出现在皮特面前。皮特细看过样品后,高兴地说:“样品质量很好,更重要的是你们如此守信用,在这么短的时间里完成了这件工作。”

周厂长的信守承诺,让皮特很感动,当场就向该玩具厂订购了10万件玩具小狗。在以后的几年中,皮特又向该厂购买了许多玩具,成了该厂的一个大客户。

重诺守信是经营者最好的品德。在商场上,许多若隐若现的小事,都在考验着经营者,只要有正确的人生观、世界观及处世观,就能最终领略成功的真谛。信用度高了,人们才会相信你,和你有来往,才能做成生意。不过,企业的信用度得靠信得过的产品质量、优良的服务态度来实现,而非几句响亮的广告词、几次优惠大酬宾便可做到,人的信用也是如此。

相反地,有些人随随便便地向别人开“空头支票”,临到头来又不兑现,相信他们无论在哪一方面都不会成功。朝三暮四式的狡诈,最终必然失信于人。失信于人,不仅显示其人格卑贱、品行不端,而且是一种只顾眼前、不顾将来,只顾短暂、不顾长远的愚蠢行为,无论做什么生意也终将一事无成。

那么,我们该如何为自己建立起信守承诺的形象,让他人在第一时间对自己或者自己的企业留下好感呢?

1.不要轻易许诺

在生活或者商务交际中我们想要规避这一点,即不要轻易向别人许诺,一旦许下诺言就一定要实现。比如你和同事说："明天我请你吃饭！"结果第二天你忘得无影无踪，次数多了，大家也就不把你的话当真了，时间长了，你的"坏"形象自然在同事间形成了，这样自然没有人再喜欢你。

所以，在我们许诺之前，一定要考虑好了再说，对于那些实现起来有难度的事情，一定不要轻易说大话。还有推卸责任也是大忌，很多人在诺言无法实现时，总会这样抱怨："这件事的难度太大了，我做不了。"尽管话说得简单，可是这依旧会让他人留下不好的印象。

2.说到就要做到，做人之根本

生活中，人们常常为自己制定这样或那样的奋斗目标，但是在实现的过程中总能找到很多的理由来搪塞自己。这样做的结果往往会使自己虚度光阴，长此以往，你会彻底放弃奋斗的斗志，阻碍成功！做人要有原则，说到做到就是做人最根本的原则，想在别人的心中留下好感，那么前提就是"说到就要做到"，不"忽悠"别人。如果你答应了别人的事情没有办到，往往会伤害到你们之间的感情。

例如，你答应女朋友周末带她去看电影，结果到了周末你却一声不响地和朋友出去喝酒了，第二天女朋友一定不会高兴。这个时候，如果女朋友向你发火，你也只能受着。如果你的脾气不好，说一句："不就忘记了吗？"那么，接下来的场景便不可想象了。

常言说得好："人无信不立"，尤其对于如今这个现代化的经济社会，这句话的含金量更加得到提高。一个守信的人，势必会受到极大的欢迎。在生活中，我们也总是喜欢和那些诚实守信的人结交朋友，对于背信弃义的，则敬而远之。某知名总裁，对诚信更是有着这样明确的论断："没有人是傻瓜，大家心里都有一杆秤，不讲信用，生意永远都做不长。就算是一件小事，但如果造成恶劣影响的话，那就是关系到企业生死存亡的大事了，因此绝不能含糊！"

由此可见，信守承诺不仅是一个人高尚道德品质和情操的体现，它更是一个人在这个社会上的立身之本，它会给一个人的发展带来巨大的影响。因此，想要成为一个受欢迎的人，想要在有限的生命旅程中取得骄人的成绩，那么就要建立起诚实守信的形象。

相对于能力，领导更加看重忠诚

我们都知道，一个公司要想发展壮大，就必须要有优秀的人才。如果这些优秀的人才对公司不忠诚，那么老板又怎会重用他们?

公司需要有能力的员工，但更需要的是忠诚与能力兼备的员工。甚至在很多老板的眼里，忠诚胜于能力。只有一个对公司忠诚的员工，才能够得到发挥自己能力的机会，相反，如果一个人丧失了忠诚，哪怕他再有才能，但他不愿意为企业付出，又怎么能得到别人的信任?

我们经常在公司里看到这样一种现象：总会看到一些能力很强的员工，他们奋斗了很多年，却迟迟不能加薪升职。是什么原因，让他们得不到老板的重视呢?其实只要细心观察，我们不难发现，这些员工虽然能力强，但是他们要不就是身在曹营心在汉，要不就是想用公司作为跳板，要不就是没有足够的责任意识。说到底，他们就是缺乏忠诚。

所以，在职场拼搏的朋友们，要想得到加薪或者升职的机会，就不要总是把眼睛放在"能力"二字之上，更不要天真地认为只要提高自己的专业能力，就能找到一份好工作。如果你缺乏忠诚，你再有能力，也不是企业需要的。培养自我忠诚度，这也是找到好工作的关键所在。

如果把一家企业比作一个同心圆，那么圆心就是领导，圆心周围就是那些忠诚于企业、忠诚于领导、忠诚于职业的人。你的忠诚度越高，就会离领导越近，这跟一个人在公司的能力或职位并没有直接的联系。很多能力出众的员工或者高层管理者天天和领导打交道，却未必得到领导的信任，这就是因为忠诚度不够的原因。

所以说，尚且年轻的你想要获得稳定的职业和稳定的回报，就要成为忠诚的人。缺乏忠诚，一个人的能力就不可能全部发挥出来，而且一个对企业不忠诚的员工，其能力越强，对企业的危害性可能就越大。要知道，公司是老板的心血，他怎么会把一个不忠诚的员工放在最重要的岗位上？

有一位“海归”在美国读完博士回到上海找工作。这样优秀的人才，应该走到哪里都会受到别人的欢迎。然而，他的经历却恰恰相反，不仅被多家企业拒绝，而且还成了这些企业永不录用的对象。这是为什么呢？

原来，这位博士毕业后，在一家研究所跟几位研究人员一起研发了一项重要技术。由于自己觉得待遇太差，就带着那项技术的资料跳槽到了一家公司做了副总。不到两年，他又带着公司的机密跳槽到了更大的公司。在短短的五年时间，他先后背叛了不下五家公司，上海的好几家大公司都知道他的品行，不再用他。

直到最后，这位博士才发现，自己能力这么强，却没有一家公司敢接受他。他现在才明白，最受打击的不是那些公司，而是他自己。因为他被贴上了“不忠诚”的标签，就连身边的朋友也开始逐渐远离他！

一个对企业不够忠诚的员工，不可能把工作完成得很完美；一个对企业不够忠诚的员工，不可能时刻把企业的发展和前途放在心上；一个对企业不够忠诚的员工，才华会无用武之地；一个对企业不够忠诚的员工，时刻会给企业带来麻烦……这样的人，即便是天才，迟早也会被“扫地出门”。能力再强，你也需要一个平台才能展现。想要让这个平台接受你，你就必须有一颗忠诚的心。缺少了忠诚，谁也不会注意你的能力，正如那个郁郁不得志的海归博士。

年轻的我们，不要总是为了提高自己的能力，而忽视了对企业的忠诚。只有对企业表现出忠诚，才能有被雇佣的资格，才有被器重的根基，才有在企业立足的根本。否则，就算你是天生奇才，也免不了被拒之门外的尴尬。

别因为逃避责任，被贴上坏标签

王国维是中国著名的国学大师。作为清华国学研究院的导师，王国维可谓桃李满天下，其弟子遍布几代中国史学界，与梁启超、陈寅恪和赵元任一起被称为清华大学国学研究院的“四大导师”。

王国维之所以能够取得如此辉煌的成就，都与他的“责任心”息息相关。

1925年，王国维被聘为清华国学研究院导师，教授古史新证、尚书、说文等课程。在讲课之时，王国维在遇到自己不懂的问题之时，通常坦言自己不懂这个问题。

语言学家王力当年也是王国维的学生，他在清华国学研究院上的第一堂课，是听王国维讲《诗经》。王国维的这节《诗经》课，讲得很朴实，见解又很精辟新颖，是王力听过的最为精彩的一堂课，感觉受益匪浅。

然而，王力对老师也有很多疑惑。在他看来，老师就是解答问题的，但是王国维却在碰到某些问题时，只说“这个我不懂”就一句带了过去，但是课后有学生问及那些“不懂”的地方，他都能说出自己的一番见解。这究竟是怎么回事呢？

后来，王力才领悟到，其实，王国维先生说的“不懂”并非真的不懂，他之所以在课堂说“不懂”，就是出于治学的谨慎，他认为他的见解尚未十分成熟，不宜做结论。不懂装懂，并瞎说一番反而害了学生，这是一种不负责任的行为，这样的老师是不可能得到学生的爱戴的。

理解到王国维这种负责人的态度，王力和其他同学，无不对王国维先生更加敬佩了。

“不懂就别说”是王国维的一个做人原则，这不仅关系着教育问题，也关乎着自己的形象。王国维正是用自己这种负责任的治学态度，使自己成为了一个受人爱戴的导师，并成为了人人敬佩的国学大师。也许在王国维先生的心中：责任是高于一切的！

“责任胜于能力”，这是职场中很流行的一句话。每个领导都知道，自己最需要什么样的员工，这些员工或许能力不是很出众，但只要拥有足够的责任心，那么就能取得进步。因为只有责任心很强的人，才能保持足够精力投入工作；只有责任心强，才不会受工作中简单、枯燥、平淡等因素的困扰，才能沉下心来做事。这就是在告诉我们，一个人要想在职场中站稳脚跟，就必须要有责任意识。

所以，当我们接到一个任务之时，从表面上看，是因为你具备完成这个任务的能力。但实际上，具备这个能力的人肯定不止你一个。既然老板把这件任务交给了你，那就说明在老板的心中，你是一个可以信任的、具有责任心的人，因此才可以放心地让你去做。从这一点我们也可以看出，责任心有时候会左右一个人的发展。

所以，作为一个想要有所成就的人，你可以没有背景、没有经验，但要想离成功更近，那么首先要让自己成为一个有责任感的人。一旦因为不负责任，被别人贴上“无法信任”的标签，那么这就得不偿失了。

英国记者琼斯去日本东京旅行的时候，准备买一台唱机寄回伦敦送给自己的外婆。于是她走进了克拉克百货公司。销售员非常热情地接待了她，然后彬彬有礼、笑容可掬地给她拿了一台尚未启封的机子，她满意地将机子拿回了住处。

然而，当她回到住处准备试用机子的时候，却发现包装盒内的机子缺少内件，唱机根本没有办法使用。琼斯顿时怒火中烧，并带着怒意写了一篇新闻稿，名字就叫“笑脸背后的真面目”。她准备明天一早就去找百货公司算账。

第二天，琼斯起得很早，因为她要去找百货公司交涉。她刚出门，却看到克拉克百货公司的总经理和拎着大皮箱的职员站在门外，他们正准备按她的门铃，琼斯有点意外。

琼斯将两人让进客厅后，他俩立刻俯首鞠躬、连连道歉，并把一台完好的唱机外加唱片 1 张、礼品 1 盒奉上。琼斯非常好奇克拉克百货公司是如何找到她的，于是仔细询问。

原来，那天下午，那位职员在清点商品的时候，发现了将一个缺少内件的货品卖给了顾客，觉得这是一件非同小可的事情，于是马上把这事向总经理作了报告，总经理立即召集了有关人员商议，决定把货品追回来，这样才能让顾客免遭不必要的损失。

所幸的是，那天在商场买那款唱机的人并不多，他们挨个联系购买唱机的顾客，终于确定是琼斯买的那个唱机有问题，但是，当时琼斯只给他们留了自己的名字跟一张英国快递公司的名片。凭借仅有的资料，要想找到琼斯无异于大海捞针。

面对这样的难题，他们并没有放弃。首先，他们先向东京的各大宾馆查询，但没有什么收获。后来，打电话英国快递公司的总部，从那里他们得到了琼斯父母的电话号码。接着，打电话到英国，从她父母那里知道琼斯在东京的电话号码，最后找到了琼斯的落脚地。

在寻找琼斯的期间，克拉克百货公司共打了 36 个紧急电话。琼斯深深地被他们这种责任心所感动，她立即重写了一篇名叫“36 个紧急电话”的新闻稿。

麦当劳的创始人雷·克洛克曾说过：“人生所有的履历都必须排在勇于

负责的精神之后。”无论在哪里，责任都是很重要的。一个对工作认真负责的员工，不管遇到多大困难，也会想方设法把任务完成，即使他的能力稍逊一筹，即使他的工作内容非常简单，也可以在最平凡的岗位上创造大事业；一个充满责任心的人，遇到问题时不是想着逃避或推脱，而是主动承担起责任，这自然会赢得所有人的掌声！像克拉克百货公司这样的企业，拥有着这样一批有责任意识的员工，所以发展壮大也是自然。

然而看看现在，很多人的责任心正在逐渐流失。他们在工作中一旦出现问题，首先想到的是如何设法逃避责任，把问题引到别人身上，以减轻自己对责任的承担，而不是想怎么做才能真正承担起责任，把损失降到最低点。这样的人注定不会受到青睐，这种人注定备受排挤，因此他的一生必将会在碌碌无为中度过。

无论身在公司还是与他人合作，责任心都是第一要务。一个人的能力再高，如果缺乏责任意识，依然是不会给企业创造太大的价值的；一个人能力再强，如果缺乏责任意识，那么只能给伙伴带来无休止的灾难。这个时候，你的能力也只能成为摆设，没有任何价值。

西点军校有句名言：“缺乏责任感的军官不是合格的军官，没有责任感的员工不是优秀的员工，没有责任感的公民不是好公民。”是的，大到一个国家，小到一个公司、一个家庭都是需要有责任感的人的。一个国家，因为有了责任感强的公民，会更加繁荣富强；一个公司因为拥有了有责任意识的员工，会不断发展壮大；一个家庭，因为有了责任感，会更加幸福安康。所以，不管我们在社会上扮演什么样的角色，只有拥有责任意识，才能成为一个有用的人，才能让自己的人生更有意义！

说话算数原则，领导必须懂得

清华百年不衰的原因是什么？这是很多人都想知道答案的问题。2011年，清华大学校史编委会副主任、原校史研究室主任田芊教授在接受《环球日报》采访的时候为我们道出了缘由。

当记者问道“究竟是何种原因让清华领袖辈出，百年清华孕育了怎样的内在精神”的时候，田芊说道：“清华起初是用美国退还给中国的赔款建立的，美国政府的本意是在中国知识分子中培养一批认同‘美国精神’的人，结果学校偏偏又建在了被英法联军洗劫过的清华园和近春园。清华的成立与国耻有关。俗话说，知耻而后勇。在清华学习和工作的人，或许比别的学校的人多了几分忧国之情。清华的建立与辛亥革命同年并非巧合，那是中国最衰败的一个年代。历史既然选择了清华，清华也要承担起振兴中华之责任。”

清华精神的精髓是“育人，责任”。清华培养人才并非以培养领导为目标，而是培养各行各业千千万万的领军人物和骨干人才，他们是在培养民族的脊梁。

“说出去的承诺就要兑现。”正是这份态度，成为清华大学百年不衰的原因，也是因为这种精神，清华大学成为了无数学子的梦想。

俗话说：“言忠信而行正道者，必为天下人所心悦诚服。”说话算数是清华的精神，也是我们民族的精神。说话算数是一个人安身立命的基本品质。

这一点，尤其需要已经成为领导的年轻人注意。身为领导，想要让自己有影响力与号召力，第一件要做的事情就是遵守诺言，待人以诚。可以说，说话算数，它关系到下属对你的期望。领导者一言既出或承诺了一件事，下属即对领导者产生了期望，因此对企业会更加忠诚，工作也会更加积极。

相反，如果作为一个领导说话不算数，许下的承诺不能被兑现，下属便会立刻对其感到失望与厌恶，自然不愿对你效忠，你在下属心中的形象也会大打折扣，随之也会失去领导者的影响力。当下属从企业中找不到诚信的时候，他们就会感到领导不值得让自己安心工作，更不会竭尽全力地为企业创造价值，从而就会出现消极怠工等许多领导不愿见到的情况，更为严重的，就是员工的大量流失，使公司的发展停滞不前。

某公司在2005年成立了一个研发组，开始某个项目的研发工作。为了加快速度，抢占市场先机。公司领导向研发组许下承诺：如果研发组能在规定的时间内开发出达到满足特定技术指标的产品，公司将给项目部20万元奖励。为此，研发组的工作人员都开始了紧张的研究工作。

3个月后，经过大家不懈的努力，研发组终于在规定的时间内将产品完美的开发了出来。公司也不禁欣喜万分，开始了紧锣密鼓的宣传工作，然后，经过半年多的宣传，市场反响还是平平，客户对此产品都持有观望态度。

面对这样的情况，公司领导大发雷霆，他在一次研发组的公开会议上说："研发没有达到预期效果，市场没订单别提奖励的事。浪费了这么长时间，研究了一个完全没有价值的废品。"领导万万没有想到，正是因为这句话，让公司出现了巨大的变动。

原来，长时间负重冲刺的研究人员，本以为能得到领导承诺的奖励，即使没有奖励，能得到肯定也是很大的欣慰，但公司领导的话让他们感到心灰意冷。在不到半年的时间里，大多数研发人员都各奔前程。

3年之后，一位国外客户在一次无意中看到了这家公司研发的产品，觉得很有市场前景，于是立马来到这家公司，想投资这个产品。这下子，公司领导慌了手脚，想重新召回研发组离职的老员工。老员工们全部拒绝了公司的邀请，因为在他们看来，在说话不算数的领导手下工作，自己的未来根本得不到保障。

想要让企业有所发展，就要先抓住下属的心，让他们成为你的左膀右臂。而抓住人心的最佳方法就是努力做到说话算数，这才是一个成功领导者应有的行为，从而第一时间赢得下属的拥护。想要不对下属失信，身为领导的你一定要努力做到以下两点：

1.不要忘记说过的话，最好将承诺作书面记录

作为一个领导，你是企业的风向标，因此很多事情都需要你去把控、去处理：既要面见客户，又要管理下属，同时还要制定相关的企业政策。但是，一个人的精力有限，事情一多，不免对于某些细节会出现遗漏，所以对于自己对下属的许诺，很有可能会暂时忘记。

然而，作为你的下属，因为上下级关系，面对你的遗忘，很难对你进行直接的提醒，但是，当他们得不到你的承诺时，你却不能阻止他们在心里对你不满，甚至对你产生反感，工作的时候也会产生抵触情绪。

所以，为了保证自己不失信于人，当你对下属许下承诺的时，最好作一个书面记录。如果自己实在太忙，不想把精力浪费在这些琐事之上，那么可以让助手帮你记下，让他提醒你兑现自己的承诺。只要能做到这点，那么你想要失信于人都很难了。

2.失去诚信时，要积极向下属道歉

想要不让下属失望，赢得下属的信任，说话算数是前提。但是有的时候，因为大意，我们难免会忘记自己曾说过的话，于是在不经意间就失信于下属。这个时候，作为上司的你最忌讳的就是一声不吭，或者冷淡地说一句："不就忘记了吗?"那么，下属势必会对你无比厌恶，甚至出现跳槽的心态。所以，这个时候，你一定要对下属进行道歉，并且解释清楚，及时进行弥补。只有这样，才能有效地化解下属心中的芥蒂，让下属不对你失望。

好领导的处世原则:以身作则

2012 年,北京大学公共卫生学院党委书记、院学术委员会主任王燕教授荣获北大颁发的"李大钊"奖。为什么她能够获得如此殊荣?

以身作则——这四个字正是对王燕教授的最高褒奖。

王燕身为公共卫生学院党委书记,每天的工作都非常忙碌。然而即便如此,她还要和学院行政领导一起,认真研究和分析当前加强学术道德建设的重要性,并积极探讨方案和途径,做到防患于未然。

通常来说,开展先进人物学习活动,这种事都会由宣传部门来做。然而,王燕却以身作则亲自上马,认真组织学院教师学习孟二冬、方永刚等先进人物的事迹,并撰写了《师德建设学习心得》的文章。

为什么要这样?王燕如此说道:"作为学校领导,如果自己都不愿意行动,那么又怎么可以要求她人?"

除此之外,王燕作为学院分管纪检工作的领导,经常工作在岗位的第一线。她很关注那些离退休人员的生活,经常亲自前去看望生病住院的职工、积极参加职工活动等。遇到在职人员攻读博士、职称晋升、青年教师培训进修等问题,她也会主动站出来,一遍遍地做好解释疏通工作。

正是这种以身作则的态度,北京大学公共卫生学院的管理部门才呈现出一片忙碌、充实之势。一位职员说:“看到领导都这样忙碌,我们又怎么好意思休息呢?可以说,王燕教授几乎是全校最忙的一个领导了。跟着这样的领导干活,我们当然有干劲!”

正人先正己,己正人才服。作为一个管理者,要想正人首先应该正己,这样才能上行下效,使员工轻松愉快地听从你的指挥。孔子有语:“其身正,不令而行;其身不正,虽令不从。”在单位里,管理者是员工的榜样,制度作为大家共同遵守的准则,对管理者的要求远胜于普通员工。管理者只有在制度下身体力行,以身作则,才能维护自己在员工们心目中的威信,才能让下属们自觉遵守制度。

一个公司的业务是否能在激烈竞争的潮流中得到发展,关键在于管理者是否有自律意识,管理者身体力行,以身作则,才能建立起人人遵守的工作制度。比如说要求公司员工遵守工作时间,管理者首先就应该做出榜样;要求员工对自己的行为负责,管理者也必须明白自己的职责,并对自己的行为负责。

许多员工眼中的管理者,都具有某种他人所没有的特质,若你不具备某种独特的风格,就很难获得员工的尊敬。在此特质中,最重要的就是管理者的“自我要求”。你是否对自己的要求远远甚于对员工的要求呢?偶尔你会站在客观的立场,为对方设身处地地想想吗?这种态度与涵养是身为管理者所必备的。

柳传志——中国联想集团的老总。他在领导、做人方面就是一个成功的典范。

当初,联想只是一个规模20万元的企业,在柳传志的带领下发展为今天有上百亿的大企业,成为了中国电子工业的龙头老大,而柳传志也被人们看做民族英雄,成为一个具有崇高威望的企业领导人。

很显然,联想能有今天,与柳传志的人格魅力和高尚的品格是分不开的。在联想的发展过程中,曾经有这样一件事:

在带领联想壮大的过程中，柳传志为联想定有一条规则，开20个人以上的会迟到要罚站一分钟。这一分钟是很严肃的一分钟，不这样的话，会没法开。第一个被罚的人是柳传志原来的老领导，罚站的时候他本人很紧张，浑身是汗，而会议由柳传志主持，柳传志本人也浑身是汗。柳传志跟他的老领导说，你先在这儿站一分钟，今天晚上我到你家里给你站一分钟。就这样，会议顺利进行，领导也没有怪罪他。柳传志本人也被罚过三次，其中一次他被困在电梯里，电梯坏了，咚咚敲门，叫别人去给他请假，结果没找到人，还是被罚了站。

柳传志说"不管是领导还是员工，最重要的是做人要正"。虽然这是老生常谈，但确确实实极为重要。一个组织里面，怎么用人，怎么让人用，关键的问题就是："你一定要正。"

柳传志是这么说的，也是这么做的。在联想的"天条"里，就有一条是"不能有亲有疏"，即领导的子女不能进公司，柳传志的儿子是北京邮电大学计算机专业毕业的，但是柳传志不让他到公司来，因为他怕子女们进了公司串联起来，将来想管也管不了。正是柳传志的这种以身作则，联想的其他领导人都以他为榜样，自觉地遵守着各种有益于公司发展的"天条"，使得联想的事业得以蒸蒸日上。

作为一个成功的领导，想要培养良好的自律性、成为员工的表率，最好能做到以下两点：

1.保持"清"与"俭"

所谓"清"就是"清廉"，"俭"就是"俭朴"。作为一个公司管理者，应该清楚自己的节俭行为，不管大小，都具有很强的导向作用。管理者的言行举止是员工关注的中心和模仿的榜样。

中国台湾塑胶集团董事长王永庆在台塑内部，一个装文件的信封他可以连续使用30次；肥皂剩一小块，还要粘在整块肥皂上继续使用。他说："勤俭是我们最大的优势，放荡无度是最大的错误。"他还认为："即使是一分钱的东西，也要捡起来加以利用。这不是小气，而是一种精神、一种良好的习惯。”

2.乐于接受监督与被监督

日本“最佳”电器株式会社社长北田先生说：“员工的眼睛是雪亮的，管理者的一举一动，员工们都看在眼里，如果谁以权谋私，员工们知道了就会瞧不起你”。他为了培养员工的自我约束能力，创立了一套“金鱼缸”式的管理方法。“金鱼缸”式管理就是明确提出要提高管理工作的透明度，把每个人置于众人的监督之下，每个人自然就会加强自我约束。而他自己，同样也需要被同事监督。

只有不断地反省自己，高标准地要求自己，才能树立起被别人尊重的自我形象。火车跑得快，全凭车头带。所以，我们必须以身作则，成为下属的榜样！

人生的责任，要由信念来支撑

梁华伟先生是南宁亿康科技有限责任公司的总裁，他也是从清华大学走出来的学子。

清华电子系毕业后的梁华伟，最开始被分配到广西电子研究院工作，后又被派到广西桂苑公司从事医疗影像设备的安装和调试工作。因为踏实肯干，责任心强，领导非常信任他，这使他在工作中得心应手。

刚调到桂苑公司时，梁华伟是做医学影像设备维修的。有一次，有家医院的 CT 坏了找他去修，因为那天他有事，所以没有立即前往。当第二天他去修的时候，遇见了一个主治医生，从那个医生那里他得知前一天有一个病号失明了，原因是 CT 坏了，没有及时检查出病情变化。

听到这样的事情，梁华伟的心里非常内疚，“如果 CT 早一天修好的话，那个病人就不会失明了。”梁华伟想。可是没有如果，一切已经没法弥补。这件事让梁华伟牢记于心，自那以后，他时时刻刻记着，做人一定要有责任感。

因为强烈的社会责任感，以及对弱势群体的关怀，促使梁华伟带领一批年轻人研究起了数字化多通道人工耳窝。“要用从清华学来的知识造福人民，要用从清华学来的态度担起责任！”这是他始终坚持的一个信念。

后来，梁华伟创立了自己的公司，致力于医学影像设备的研究开发、销售及技术服务。这个公司就是目前在广西享有很高声誉，在中国东南部也颇有名气的众智高新技术有限责任公司。有了自己的公司之后，梁华伟依旧常常往清华园里跑，因为他能感觉到，清华的精神有太多太多需要去学习，尤其是清华赋予自己的信念，让自己时刻铭记着责任的重要性。

梁华伟的信念和责任感，让我们感受到了清华人“厚德载物”的精神，感受到了清华人沉稳的气魄，还有清华人肩上那份沉重的社会责任感。这一切，都是由清华大学所赋予他们的高尚信念所支撑的。

同样，人生的责任，也是由信念来支撑的。作为一个年轻人，更要赋予自己一个信念，让自己有勇于承担责任的勇气，只有这样才不枉来这世间走过一遭。

美国总统林肯曾说过：“每一个人都应该有这样的信心：他人所能负的责任，我必能负；人所不能负的责任，我亦能负。”是什么让林肯敢于如此担当？是他内心坚定的信念。是的，不是每一个人都有主动承担责任的魄力，可是承担责任则必须要有坚定的信念来支撑。在这个世界上，但凡取得成就的人，往往都是那些勇敢担起责任的人。而那些敢于担当的人，在心里无不有着一个让人敬仰的信念。

美利坚合众国的前总统里根，从小就是一个勇于承担责任的人。有一天，里根和几个小伙伴一块儿在外面踢足球，突然，里根一不小心将球踢到了邻居家的窗户上，“哗啦”一声，玻璃被球撞了个粉碎。邻居家的老爷爷非常生气地走了出来，责问是谁干的。

因为害怕的缘故，小伙伴都一溜烟地跑了，只有里根没有跑。他勇敢地走到老人的面前，满怀歉意地说：“对不起，是我打碎了您家的玻璃，请您原谅我这一次好吗？”

里根本以为因为自己的诚恳，老人会原谅自己。然而，里根遇见了一个非常固执的老人，他坚决要让里根赔偿砸碎自己家玻璃的损失，无可奈何之下，里根只得回家拿钱。

回到家后，里根向父母亲讲述了事情的经过。因为里根主动地承认错误，母亲也没有责怪他，赶紧将赔偿玻璃的钱放到了里根的手上。正当里根要跑出去给老人还钱时，里根的父亲却叫住了他，十分严厉地对他说："今天可以把钱给你，但这是你闯的祸，我不会为你的错误来买单。你必须要为你的行为负责。所以，你今天拿的钱一定要想办法还给家里。"

听了父亲的话，里根点了点头，连忙跑去赔给了老人。

为了履行自己对父亲的诺言，里根开始了勤工俭学。因为他年龄太小，即使零工也不好找，没有办法，他只好偷偷摸摸地在餐馆帮人洗碗，闲暇时间再捡些废品来卖。经过他几个月的辛苦努力，里根终于攒够了钱。当他自豪地把钱还给父亲时，父亲欣慰地笑了，拍着他的肩膀说："一个能为自己的过失负责的人，将来才会有出息。"

正如父亲所言，多年后里根成为了美利坚合众国的总统。

爱默生曾说过："责任具有至高无上的价值，它是一种伟大的品格，在所有价值中处于最高的位置。"做人要有信念，要勇于承担，这样才能成为一个成功的人。从里根总统的身上可以看出，权利与责任是成正比的。所以，一个人若想成功，想受人尊敬，想拥有权力，想找到自身的价值，首先就要有信念，敢为自己的言行承担责任。

然而，生活中的许多人，他们很少有高大的信念，更谈不上责任心。我们常常会听到一些人整天发着这样的牢骚："破公司，我都在公司干这么多年了，还不给我加薪！""什么事儿都要找我，当我是机器人啊？什么时候能不工作就好了。"频繁的抱怨，不仅没有使他们如愿以偿，反而暴露了他们没有责任心的缺点。这些人在面对失败和不如意的时候，永远都是从别人的身上找原因，而从未想过自己的问题。因为，他们没有一个正确的信念，没有敢于担当的信心。

所以，作为一个有追求有理想的人，我们要时刻谨记，唯有充满信念，才能担起责任。责任是我们走向胜利的起点，是超越自我的必要条件。若是一味地逃避责任，那么你永远都无法获得辉煌的成就！

主动为下属承担责任

刘师培虽然是中国近代史上争议颇多的人，但他的才华横溢却是谁也无法否认的，他对北大发展作出的贡献，也不是一笔就可以抹去的。而这一切，都与他的领导——蔡元培——紧密相连。

在文学领域颇有造诣的刘师培生于1884年，在20世纪初，他成为了一名革命党人。然而，就在辛亥革命前他却成为了一名人人唾弃的叛徒。他甘愿充当奸细，出卖同志，当时，全国舆论哗然，刘师培也被众人口诛笔伐。

"刘申叔，弟与交契颇久，其人确是老实，确是书呆！"深知刘师培性格的蔡元培，却在这个风口浪尖之际，极力为刘师培辩护。

"中华民国"成立后，蔡元培又在报纸上刊登了这样一则寻找刘师培的启事，启事是这样写的："刘申叔学问渊深，通知古今。前为宵人所误，陷入樊笼。今者民国维新，所望国学深湛之士，提倡素风，任持绝学。而申叔消息杳然，死生难测，如身在他方，尚望发一通信于国粹学报馆，以慰同人眷念。"

最终，刘师培被蔡元培找了回来，并保荐他重新进入国民政府学校。那个时候的蔡元培，是南京临时政府教育总长，也就是刘师培的直接领导。为了这个下属，蔡元培可谓背了不小的黑锅。

没有想到的是，在几年后，刘师培因为襄助洪宪帝制，又成为众矢之的。

在这个时候，蔡元培依旧将其当做下属，不但主动为他承担责任，表示自己有错，还邀请他在北大教书，以此将公赎罪，让人不得不佩服蔡元培的气度。

对于蔡元培这样的领导，刘师培自然大为感动，从此一心为北大奋斗，为北大文学的辉煌立下了汗马功劳。虽然刘师培的所作所为让所有人不齿，然而蔡元培那种积极维护下属、为下属承担责任的态度，得到了众人的赞赏。也因为这个原因，众多知名学者纷至沓来，让北大人才济济。

有人曾说过："世界上只有两种人不会犯错误，一是没有出生的，二是已经去世的。"所谓："金无足赤，人无完人。"

作为领导者，就要敢于认错、敢于为部下承担责任。如果领导只知道把责任推给下属，出了事情只知道责备下属，不敢承担责任，这些就会使你失去威信，丢了民心。同样，对于下属的过失，做领导的也应该站出来承担责任，比如指导不当、没有很好地监督等，这样更显现出你的高风亮节。

李嘉诚初到香港时，来到了舅舅家的钟表公司工作。少年时的李嘉诚就非常好强，做事情总是想着如何超越他人，因为他不想落在别人的后面。自从进入钟表公司，李嘉诚就非常勤奋，在别人休息时也在学习钟表的事情。他还自己认了一个师傅，只要有不懂的问题就去请教自己的师傅。师傅觉得李嘉诚非常聪明，而且还很好学，也非常愿意帮他。

有一次，李嘉诚趁师傅不在，自己动手修起手表来，但毕竟欠缺经验，没有修好，反而一不小心摔坏了手表。李嘉诚看到这种情况，知道自己闯了大祸，不但赔不起手表，还有可能丢掉这份工作，他非常担心。

师傅知道李嘉诚把手表摔坏后，没有骂他，只是告诉他下次不要再犯类似的错误了。师傅主动向李嘉诚的舅舅承担责任，解释是因为自己的疏忽而把手表掉在地上，要求给予处分，根本没有提到李嘉诚的事情。

这件事情让李嘉诚得到非常大的教训。本来是自己的错误却让师傅承担下来，他觉得非常过意不去，就向师傅道谢。结果师傅告诉他："无论以后做什么工作，作为领导者就应该为自己的属下承担责任，部下的错就是领导者的错误,领导者就应该负起这个责任。”

虽然当时的李嘉诚年纪尚小,根本没有完全领会师傅的意思,但是他记住了师傅的这样一句话:主动为部下承担过失的领导者,才是一个好领导者。

李嘉诚之所以能取得今天的成绩,与师傅当时的话不无关系,他成功后,做任何事都体谅下属。多年的经商经验让他深知,经营企业绝非易事,犯错是时常有的事情。只要在工作上出现错误,李嘉诚往往就会带头检讨,将责任全部揽在自己身上,尽量不给部下留下失败的阴影。他时常说:“员工犯错误,领导者要承担大部分的责任,甚至是全部的责任,员工的错误就是公司的错,也就是领导者犯下的错误。”

在工作中,任何人都会犯错误。错误不可怕,可怕的是连领导都想逃避责任。这样的公司,何谈发展,何谈壮大?

所以,如果你的下属出现了错误,那么你就应该站出来,主动为下属承担责任。员工会被处罚,如果对待下属的错误一味地逃避、推诿,则会与下属的距离越来越远,矛盾越来越深,最终失去民心,成为孤家寡人。

作为一名优秀的领导,应该怀着这样的胸襟去面对下属犯下的错误:

1.下属的错误=领导者的错误

员工犯错,就说明领导没有尽到责任。只要公司的员工犯下了错误,就是领导者自己的错误,如果员工会被处罚,公司的领导者应该首当其冲,不找借口,不辩解,在公司员工面前大胆地承担自己的责任,这样的领导方得人心,让下属敬仰。

2.领导者要勇于认错

如果领导者不能主动承担错误,就不适合在公司担任领导职位。没有员工愿意为一个把所有功劳揽在身上,错误都由员工承担错误的领导者工作。称职的领导者就是勇于在错误面前承担起全部责任, 让员工放下心中的包袱,减轻他们的压力,让他们轻装上阵。懂得如何为下属承担的领导才是真正的好领导,身后也必定有大批追随者。

领导是一门学问，更是一份责任。所以，当我们处于领导岗位时，不要想着可以轻松了，相反肩上的担子更沉了。敢于主动为下属承担责任，你就能挑起这个担子；倘若不能，那么请你及时与领导岗位说“再见”！

第8课

“尊重欣赏，乐观友善”的团队精神

北大清华的繁荣，不是由一个人建立的，而是几十年来无数教授、学子共同努力的结果。互相尊重，互相欣赏，保持乐观友善的态度，这是北大清华永存的精神。那些走出北大清华校园的人，将这份精神进一步融入团队，从而造就了一个个充满凝聚力的团队。

能力再强，你也只是团队里的一滴水

王选是从北大走出的杰出人才，王选的能力毋庸置疑。然而对于自己取得的成就，王选并不愿独享。他认为，北大方正之所以能够成功，关键就在于北大的团队精神——早已植入企业之中的一种精神。

“王选对方正最大的贡献不仅仅是提出了一个正确的方向、用技术领先的产品占领了市场，更重要的是建立起了吸引人才的机制，树立了一种团结奋斗、不断创新的风气和氛围，建立起了一流的科研团队。”中国科协主席韩启德在《王选的科研道路启示我们如何创新》这样写道。

王选自己曾经这样说过：“其实所有的成功企业，都会在‘团队’这一点上和北大达成共识。微软公司在美国以特殊的团队精神著称。像 Windows 2000 这样产品的研发，微软公司有超过 3000 名开发工程师和测试人员参与，写出了 5000 万行代码。没有高度统一的团队精神，没有全部参与者的默契与分工合作，这项工程是根本不可能完成的。”

自己的能力再强，但也不过是这个团队中的一滴水。所以在王选看来，自己虽然是北大方正的领导人，但是也只是团队中的一员。因此，“懂得团结人，懂得尊重人，最怕武大郎开店，要能够让有才华的人从自己手下冒出来，应该有这个风度，能够听取不同意见”是王选经常说的一句话。

正是王选这种积极融入团队的心态,让北大方正拧成了一股绳,从而创造出了中国的IT奇迹。

世界上没有十全十美的人,但却有十全十美的团队。想要做到这一点,关键是我们如何在团队中成长,能不能把团队利益、荣誉放在个人利益、荣誉之上。也就是说,我们要做到:成为团队里的一滴水。

看过足球比赛的人都知道,在足球场上,后腰、边锋、后卫、前锋守门员都要各司其职。球场上的每个队员都必须互相配合,给同伴最大的支持,才能取得最后的胜利。

不仅仅是踢球,做任何事情都是一样的,团队合作才能达到更好的效果。因为,人不是静止的事物,人与人的合作也并不是人力的简单相加,团结合作往往能产生神奇的能量,这种能量使我们相互推动,进而达到事半功倍的效果。

乔致庸是晋商传奇人物,他之所以能取得成功,与其懂得如何笼络人才、如何与人合作有着直接的关系。

乔致庸建立大德丰票号,开启了一个新的发展平台。他很注重用人,提倡"不拘一格用人才、与人合作"。而在乔致庸破格重用的人才、与人合作的历史中,最具有戏剧性的要数阎维藩。

阎维藩原为平遥蔚长厚票号福州分庄经理,与武官恩寿私交甚密。当恩寿为升迁需要银两时,阎自行做主为恩寿垫支白银10万两。后来,阎维藩被人告发,并受到总号斥责。后恩寿擢升汉口将军,几年之内不仅归还了借蔚长厚的银两,还为票号开拓了业务。但阎维藩因曾经受到排挤和总号斥责,不愿再在蔚长厚干,就决定返乡另谋他就。

乔致庸闻知此事,立刻派自己的儿子乔景仪在途中迎接阎维藩。其子乔景仪等人一连等了几天,才等到阎维藩。回乡的途中,原本士气低落的阎维藩见乔景仪盛情迎接,得知乔致庸对他的看中,阎维藩感动不已,决定为乔致庸效力。

乔景仪遵从父命请阎维藩乘轿，自己骑马驱驰左右。阎维藩觉到乔家如此敬他，十分难得，自己也应自谦，最后僵持不下，阎维藩只好把衣帽放在轿内，算是代他坐轿，本人则与少东家乔景仪并马而行。

当阎维藩来到乔致庸的宅院前，发现乔致庸早已在家门口等候多时。乔致庸亲自把阎维藩迎入屋内，像老朋友般嘘寒问暖，又摆下丰盛的宴席款待阎维藩，极尽东家之谊。乔致庸暗中察看阎维藩，见他谈起票号业务，如数家珍。两人越谈越投机，乔家当场聘阎维藩出任乔家大德恒票号大掌柜。

乔致庸的热情款待与推心置腹，让阎维藩大为感动，决心报答乔家知遇之恩，愿为乔家商业殚精竭虑，鞠躬尽瘁。从此，阎维藩主持大德恒票号长达26年。由于阎维藩善于经营，在二人的合作下使大德恒票号业务繁荣昌盛。每逢账期，每股分红能达到一万两左右。

由于阎维藩主持有方，大德恒票号经历甲午战争、义和团运动、庚子事件、辛亥革命等社会动荡，都能化险为夷。乔致庸的慧眼识人才，能够正确地与人合作，让他的财富事业飞速发展。而阎维藩也不居功自傲，没有将自己凌驾于大德恒票号这个团队之上，而是尽心竭力地为票号出力，也赢得了自己的发展机会。

乔致庸把乔家大德恒票号团队交给阎维藩，而阎维藩也虚心不自负，注重团队合作，最终创造出了奇迹。乔致庸没有因为自己是老板，就凌驾于团队之上，而是努力成为团队的一分子，这样他的下属就感到了温暖，感到了一种被信任。在这样一个团队中，个人哪有不进步，团队哪有不发展、不成功的道理？

团队的力量对于一个公司的成功也是起很大作用的，那种“只顾自己，不顾集体”的员工，是不受老板和同事的欢迎的。因为个人好比大海里面的一滴水，离开大海很快就会干涸了。当团队为我们提供了施展自己才华的机会时，作为团队的一员，“团队提前，自我退后”就是我们要时刻铭记于心的职责和使命。只有谨记这个道理，我们才不会在作出成绩时骄傲自大，才不至于将个人凌驾于团队之上。

美国前通用电气公司总裁杰克·韦尔奇曾说："我的成功，10%是靠我个人旺盛无比的进取心，而90%是倚仗着我的那支强有力的团队。"相反，如果团队中的每一个人都有自己的小算盘，将自己的利益放在最前面，从而不顾整个团队的利益，不但会导致整个团队的失败，连自己也会输得一败涂地！

融入团队，你才能无坚不摧

从清华大学走出来的学生，最后很多都成为了著名学者，是他们天生属于成功那个行列的人吗，还是清华特有的环境造就了他们？的确，这些清华学者本身就有过人的长处，但更重要的是，他们无论能力多大，都明白团队的重要性。而他们最初的团队，就是清华大学。

现在的年轻人在职场上总是非常排斥合作精神，喜欢做“孤胆英雄”。的确，一个人完成一项任务很有成就感，可质量能否过关，这就需要打个问号了。在工作中，有些事光靠自己单枪匹马是难以完成的，只有与同事们相互合作，才能克服困难，顺利完成任务，才能真正地体会到工作中的快乐和事业的成功。

这是一个讲究“双赢”的社会，人与人之间的合作是必不可少的。为什么现代社会提倡“团队精神”？因为 1+1=2 在算式上是正确的，但在实际生活中却不是一个相同的概念，有时 1+1>2，大凡在事业上成功的人都属于后者。并且，拥有团队意识也是任何一个公司对员工的要求。一个不善于合作的员工，很难得到高层领导的欣赏，职场之路自然也就崎岖不平。

作为中国著名企业，进入万达集团工作是很多年轻人的梦想。几年前，万达集团就曾公开招聘，这则消息一出，报名人数立刻突破了 3000。

经过一轮轮选拔后，最终有9个人进入了复试阶段。人事主管对他们都很满意，然而此次招聘只能录取3个人，所以，人事主管给大家出了最后一道题。他先是把这9个人随机分成甲、乙、丙三组，指定甲组的3个人去调查本市婴儿用品市场，乙组的3个人调查妇女用品市场，丙组的3个人调查老年人用品市场。限期一周，每人上交一份详尽的市场调查报告，然后人事主管就会宣布最终的招聘结果。

为什么要做这样的调查，人事主管是如此解释的：“我们录取的人是用来开发市场的，所以，你们必须对市场有敏锐的观察力。让大家调查这些行业，是想看看大家对一个新行业的适应能力。每个小组的成员务必全力以赴！”

临走的时候，人事主管补充道：“为避免大家感到无从下手进而盲目开展调查，我已经叫秘书准备了一份相关行业的资料，走的时候请你们到秘书那里去取！”

一周后，三个小组都已完成任务。让人意想不到的是，人事主管只是粗略地浏览了一下他们的调查报告就站起身来，走向丙组的3个人，分别与之握手，并祝贺道：“恭喜3位加入万达集团，从现在起，我们已经是同事了！”

那两个被淘汰的小组面面相觑，人事主管说：“请你们打开我叫秘书给你们的资料，互相看看。”

顿时，所有人都明白了其中的原因。原来，这9个候选人的资料都不相同。甲组的3个人得到的，分别是本市婴儿用品市场过去、现在和将来的分析，其他两组也一样都是相关的过去、现在和将来的分析资料。

人事主管说：“从这件事上，我可以看出丙组的3个人很懂得合作，互相借用了对方的资料，补全了自己的分析报告。而甲、乙两组的6个人却分别行事，将自己的队友视作竞争对手，然后各做各的。你们都很优秀，所以我出的这道题目的目的其实根本不是想考察你们的市场分析能力。我出这道题的最主要的目的，是想看看大家的团队合作意识！”

即使你的能力再强，也不要排斥合作，因为一个团队的力量，远比一个人的力量要强大得多。只有那些善于借用团队智慧，善于协作共享的人才能轻易地在竞争中脱颖而出，既可以给团队带来帮助，又能够让自己走向成功。

这一点，正如世界第一行销大师阿尔·里斯所说："很少有人能单凭一己之力，迅速名利双收；真正成功的骑师，通常都是因为他骑的是最好的马。"

每个人的能力都有一定的限度，现代社会是一个充满竞争的社会，而年轻人唯有与人合作，才会更具竞争力。善于与别人合作的人，才能取人之长、补己之短，达到原本达不到的目标。

也许，固执的你以为：那些大人物都是单枪匹马，独闯天下！然而，真正的成功人士，无一例外都是懂得合作的。就像大发明家爱迪生，他一生中有两千多项发明，平均每13天就可以有一项新的发明问世。这么多项发明，对于一个人的有限精力和生命来讲，实在是不可思议的。为什么爱迪生能够创造这样的奇迹，关键就在于：他有一个强大的实验团队，他是站在团队这个舞台上来施展自己卓越的发明能力。如果没有强大的团队，爱迪生的成就也会大打折扣！

所以，现在的你，还会排斥合作吗？

总而言之，只有进入团队，你的才能才会有更大的施展空间。你需要的，是这个强大的平台，而不是一个人在最底层的小打小闹。如果我们正身处团队当中，那么就必须珍惜它，不要由着自己的性子大搞"个人英雄主义"，使自己的个人竞争力步步下降！

荣誉不是你一个人的

我国近代力学奠基人和理论物理奠基人之一周培源，在清华大学学业有成之后，因为优秀的表现，成为了清华大学的知名教授。他的一生，一直遵循着这样一个观点：“尊重人，尊重别人的劳动。”

周老在清华大学任教的时候，不仅有严谨的科学态度，他还有尊重团队的大度，因此他在学校很受别人的尊重。有一次，一家出版社计划出版一本科学名人词典，想请周老作主编。其实，当时周老是全国科协的主席，又是知名的科学家，以他的资历和名望当个挂名主编也并无不可。

然而，周老一口回绝了：“我已经是八九十岁的人了，没有时间也没有精力逐篇审订书稿，所以我作不了主编。”

听到他的回绝，出版社的人说：“具体工作由我们来做，你只要挂个名就行了。”

听到这里，周老更不买账了：“你们要我不做实事，我不能不做实事而掠人之美。”于是，周老把这桩事情给回绝了。

一生中，周老不知回绝了多少次这样的请求。还有一次，周老让哲学系的一位老师和他的学生、著名理学家武际可帮助他写的文章。在他托《人民日报》打印 200 份寄出征求意见时，周老细心地发现，在作者署名处，没有武际可。

“这篇文章我做的事很少，帮老师做点事也是应该的，就不要署我的名字了。”武际可知道这件事后并没有在意。

然而，周老却非常重视这个问题，那个时候他已经八十多岁了，硬是亲手逐份用笔添上武际可的名字。

这虽然是一件小事，却让武际可明白了一个大道理：一个为人正直的人，是特别尊重别人的劳动的。荣誉不是一个人的，自己不能因为私利就侵占他人的劳动成果。周老的这种精神，让武际可受益匪浅。

在那之后，武际可在和同事或学生合作写书或文章时，如果文章或书的主要思想不是他提出的，他一律署名在后或不署名。也因为如此，武际可和他的老师周培源一样成为了学生们爱戴的老师，更是一代有名的科学家、教育家。

在职场中，我们发现总有这样一种人，他们取得一些非凡的成绩，就认为自己比别人高人一等；就认为自己有了讨好上司、固宠求荣的法宝和资本。他们认为自己取得成绩，与上司、同事没有任何关系，有的人甚至还把上司当成傻子，把同事当成废物。

这么做的结果是什么？只能备受排挤。同事故意不配合你，领导给你小鞋穿。因为，你的一举一动，都透露出了自私的本性！甚至，你还会因为自私，得罪了企业高层。那个时候，高层一定不会对你和颜悦色，而是要求你立刻收拾东西离开！

没有人喜欢自私的人，所以，当你和大家一起做出成就时，千万别独享功劳，要懂得与别人分享。自享有功劳，还心安理得地把高帽子往自己头上戴，这样的人终究是会成为孤家寡人的，更何谈招人喜欢，受人欢迎？

吴波大学毕业后在一家公司做业务员，虽然他才到这家公司不到半年，但他的业绩在全公司里却是最好的。然而在取得了一些成绩后，他就开始认为公司没有自己就不行。他开始看谁都不顺眼，尤其是那些客服人员。

吴波刚来公司的时候，对这些客户服务人员都很和气，这些客户服务人员也都很支持他的工作。只要是他的客户打来的电话,客服就会马上进行售后服务。但是他现在变了,变得有点“无法无天”,动不动就对他们说:“公司靠我的业绩赚钱,如果没有我,你们都得饿死。”他还经常埋怨这些客服人员服务不好,他的客户向他投诉等。

吴波的这个态度,自然引起了同事的不满,现在客服人员见到吴波过来,就当做没看见。

由于客户有什么问题,都会先打电话给客服服务人员,每当他们接到吴波的客户的电话时,都一拖再拖。最后,这些客户打电话给吴波,并把怒火发到他的身上。由于后继服务不到位,吴波的续单率越来越低,原来的客户也都让其他业务员抢走了。

吴波的故事告诉我们,所谓成绩远不是一个人取得的,特别是在那些大公司里,你所做的每一件工作都跟你的同事、上司有着千丝万缕的关系。如果你取得成绩后独自享受的话,又怎么能得到别人的喜欢?就像吴波一样,得罪了同事,就等于得罪了客户!

然而,现在很多刚进入职场的年轻人,都是吴波的这个态度,他们有目标,有活力,能够创造很大的成功,但往往会把这份成功的荣誉都归于自己。他们会变得有些目中无人、骄傲自大。这样的人,怎能在职场上立足?

也许你会觉得,我自己已经很低调了,可为什么依旧受到了团队排斥?这是因为,你忘记了“荣誉共享”原则。

侯涛是北京一家知名杂志的编辑,平时他跟同事们关系处得很不错。可是,如今他却成了孤家寡人。

前不久,侯涛在杂志的几个版面上策划了一个观点新颖、内容独特的话题,让杂志在当月大卖,因此他得到了上级机关颁发的奖金。不仅如此,上司另外给了他一个红包,并且当众表扬了他的工作成绩。侯涛得到荣誉后,本来是想更加努力地为工作付出,争取取得更大的成就,可是他发现,同事们对他已经没有往日的笑容。并且,同事、上司似乎都在有意无意地与他过意不去，并处处回避他。

原来，侯涛在得到荣誉后，犯了“独享荣誉”的错误。他在得到奖励之后，他应该先将这份功劳“还给”领导，然后跟同事们一起分享他的荣誉，譬如可以拿出一部分奖金，请大家吃一顿饭，告诉大家，他之所以取得这些成绩，是因为得到了大家的帮助。

工作中取得的成绩的确会给你带来荣誉，但别忘了，这份荣誉也有别人的一份。更重要的一点是，在职场里你取得了成绩后，很容易给别人带来一定的压力。如果此时你不把荣誉共享，自然会受到大家的孤立，特别是那些心存忌妒的人，不管他参与与否，总想去分一杯羹，你若不给，他就说你的坏话，造你的谣言。

俗话说：“舍得舍得，不舍不得，有舍才有得，要得就要舍。”很多时候，只有懂得“舍去”，才会理解真正的“得到”。越是好的东西，越舍不得让给别人，这是人之常情，好吃的东西大家都想吃。聪明的人能够借荣誉之手，拉近自己与同事、上司之间的距离，赢得尊重，获得好的口碑。而愚蠢的人在荣誉到来之时，沾沾自喜，自以为是自己的功劳，独享荣誉，结果往往为自己带来意想不到的麻烦。

我们经常在一些颁奖晚会上看到，获奖的人们首先发表一系列的感谢，这不是作秀，而是一种必要的礼貌，一种做人的谦逊态度。也许有人会说：“这是我自己的成绩，何必还要往别人身上推？”这种想法不仅很幼稚而且肤浅。任何一项工作的顺利完成，都必须得到多多少少大家的帮助。在取得成功之后向大家表示感谢，让那些曾帮助过你、关注过你、与你合作过的人分享你的成绩，分享你的荣誉，不仅不会有损你的荣誉和功绩，反而会令你的荣誉发出更大的光彩。这种在潜移默化中形成的人格魅力，会更有助于你日后工作的开展。

相反，如果紧紧地攥着功劳簿不放，甚至连起码的感谢都不说，浑然忘记了别人所给予的支持和帮助……这样自私的你，又何谈上进呢？

打造无敌团队的秘诀——积极有效的沟通

白雄远是蔡元培提倡“军国民教育”时期，被聘请的军事训练课教员之一。白雄远早年毕业于保定军官学校，挂少将军衔，身材魁梧，双目有神，身着军服，扎皮带，蹬皮靴，一身戎装，十分威武，上课时也非常严厉。

然而，军事训练课虽为必修课，但北大学生通常都不是很在意。白雄远看着这种现象，暗自下决心要改变自己与学生的沟通方式。

白雄远的记性极好，二三百受训的学生，他几乎都认识。虽在课上煞有介事，立正、看齐、报数一丝不苟，但课下，他很亲近学生，遇见学生，反称之为先生，表示非常之尊重，有时还会说学生学的是真学问、前途无量，自己学的这一行，简直不足道。

渐渐地，这个风趣幽默的教官得到了同学们的喜欢。在考试的时候，他也经常是高抬贵手。因为他知道，军事训练课还是以训练为主，那些理论知识对于大学生来说并不重要。

有一次期末考试，白雄远将试题出于黑板上。有一位同学要他解释题意，他便根据答案要求，原原本本地解释起来，学生们边听边答卷，还不时地说：先生，慢些说。就这样，大家高高兴兴地交了卷。而这些同学的体质，也在白雄远的教导下，得到了明显提高。

白雄远的事迹告诉我们，换一种沟通方式，往往会得到意想不到的效果。然而在现实中，尤其在职场之中，我们常常会发现这样一个现象：某些部门员工之间，除了上下班打招呼外，工作时几乎就没有了任何形式上的交流。甚至有时候，许多人即便工作中出现了问题，也不主动和有关的同事进行有效的沟通。

这种现象，不仅对个人，对团队也是一种极大的伤害。因为沟通不利，项目势必会出现问题，从而直接导致了团队利益受损。

更严重的是，一旦这种问题持续下去，自己的工作积极性也会大大降低。因为，你总是出错，总是感到吃力，又何谈积极进取？所以说，为了提升自己的能力——也是提升团队的战斗力，我们一定要与其他成员积极沟通，而不是一味地想要自己解决。

朱平是某公司研发部经理，进公司不到一年，便频频在工作上受到老总的表扬。而且他个人的专业能力或工作绩效，也都得到了周围同事的肯定。

然而就在最近这段日子，老总发现这位朱经理几乎每天加班，而且常常都是在大晚上收到他发送的邮件，第二天早上7点多又会收到他的另一封邮件。上班时林经理第一个到，下班时最晚离开，每天都是如此。

不可否认，在一家大公司里，加班是平常的事情。然而让人感觉奇怪的是，有时在工作量吃紧的时候，朱经理的下属也很少跟着他留下来加班。平常也难得见到朱经理和他的部属或是同级主管进行互动。于是，老板找来了朱经理，问他目前的工作是否出现了问题。

这个时候，朱经理才承认道，目前的项目遇到了很大的问题。老板说：“既然你已经发现了难度，为什么不跟我沟通呢？这样大家一起想办法，事情总是会得到尽快解决的吗，这比你一个人天天加班加点，还没弄出头绪要强得多？”

听完老总的话之后，朱经理便回到了办公室召集大家研讨这个项目，果然，自己老是想不通的一个问题，经旁人一点拨，很快就得到了解决。

这个经历，让朱平对自己说道：“下次再也不单打独斗了，这也够折腾自己的了。以后要多和大家一起沟通、合作，这样事情才会更容易解决。”在以后的工作中，朱平经常跟下属或者同级主管互动，一些极为困难的问题，也都在大家的群策群力下，得到了有效解决。

在工作中，我们每个人都必须学会真诚地与同事和领导沟通。倘若每个人都藏着自己的想法而不说，甚至是钩心斗角，这样不仅不利于公司各个项目的发展，还会因为彼此的争斗而使公司的利益受损。甚至公司还会因为互相不沟通陷入绝境。

没有人会喜欢一个这样的团队。所以，我们必须学会积极沟通，通过团队成员的帮助解决问题。尤其当你身为一名领导时，就更要学会沟通，这样才能将下属拧成一股绳，更好地帮你完成工作目标。

向联华是一家外贸公司的职员，他勤学好问、刻苦钻研业务技巧，才入职两年，就升任了部门经理。

新官上任，向联华自然对未来充满了憧憬。他有一个理想：带领团队创造更大的辉煌。不过令他感到苦恼的是，毕竟自己资历不深，现在的地位凌驾于一些元老之上，因此，部门下属对他表现出以下的几种态度：有的下属阿谀奉承、有的下属心存敬畏、有的下属冷眼旁观，甚至有的下属故意拆台。

向联华知道，只有“拉拢”了那些老员工，部门的业绩才会得到提高。

那么，该如何解决老员工的问题呢？在向联华看来，必须把握好“距离”，既不能过分讨好，又要亲切而尊重，正所谓不卑不亢，这样就能给老员工带来一种威信。

找到了方法，向联华开始积极行动起来。这天，向联华交给一位元老制订月度计划的任务，并要求两天内完成。可到了第3天，这名老员工还没有把计划交给他。

向联华微微一笑，他知道机会来了。下班后，他约这位元老到茶馆坐坐，并亲自给他斟上了茶。在幽幽的茶香中，向联华谈到自己的成长经历，谈到了自己的人生观、价值观，谈到了自己的工作经历，谈到了在这个公司得到的帮助和自己的奋斗经历，以及对未来事业的种种憧憬，等等。

果然，向联华的这个方法起到了绝妙的效果。第二天向联华一到办公室，就看到办公桌上工工整整地摆着元老交上来的月度计划。向联华明白，是自己当时的那一番举动，赢得了老员工的认同，从而使这位老员工喜欢上了自己这位新领导。

正是在这位老员工的带领下，向联华的团队爆发出了惊人的凝聚力，接连攻克了数个难度极大的项目。现在再说起他，所有人都会竖起大拇指！而他的部门业绩自然也直线上升，最终从中游一跃成为全集团中效率最高、收益第一的团队！

俗话说："三个臭皮匠，赛过诸葛亮。"只有与团队合作，才能做好工作，才能爆发激情！而这一切，都需要良好的沟通。在工作中，通过有效的沟通，我们能够将传达信息给对方，这不仅仅可以让事情变得更加简单化，而且通过双向的互动过程，也能够很快找到问题的症结之所在，以便更快地解决好问题。开诚布公的交流和沟通，是团队合作中最重要的环节。把握好这个环节，无论做什么事情，都能起到事半功倍的效果！

0%距离拉动，100%团队战斗力

1929年，徐悲鸿出任北平艺术学院院长。为了让北京大学艺术学院这支团队的实力得到增强，他决心邀请齐白石来校任教。当时，徐悲鸿以画马驰名当世，齐白石以画虾名扬海内。他们是挚友，都擅长写意画，一个画马，一个画虾，各具神采。

那年，齐白石已经67岁高龄。齐白石先生的作品既有浓厚的民族特色，又不落窠臼，富有生气与情趣。他画的虾、螃蟹、青蛙、蜻蜓等，妙趣横生、活灵活现，不但给人以美的享受，而且令人遐想无限，回味无穷。

然而，齐白石先生身上也有一个明显的不足：他既无文凭，又没有留洋的经历，因此，齐白石先生不受当时的人看重。但在徐悲鸿看来，齐白石先生的作品乃是一股清泉，可以一冲画坛死水，正是北京大学艺术学院需要的人才。

为了邀请齐白石先生，徐悲鸿两次登门拜访，但齐白石先生均以各种理由进行推脱。刘备三请诸葛亮，徐悲鸿也三请齐白石。齐白石深受感动，只好直言不讳地说出自己的苦衷：“徐院长，不是齐白石我拉架子，而是不能为之呀！我不仅没有进学堂读过书，而且连小学生也没有教过，怎么能教大学生呢？再加上我这把年纪，摔个跟头就爬不起来了。因此，不但为你帮不上忙，还会给你增添许多麻烦，我于心不忍啊！”

这时，徐悲鸿说道：“你的画好，你的画可以为人之师。你只在课堂上给学生作画示范就行了。”

终于，齐白石先生被说服了。听到齐白石先生同意，徐悲鸿异常兴奋，第二天早晨亲自坐马车来迎接齐白石；上完课，又用马车亲自把齐白石送回家。来到家门口时，徐悲鸿搀扶着齐白石下了车。

看着徐悲鸿的这个样子，齐白石不禁感动得热泪盈眶。他没有辜负徐悲鸿对他的信任与期望，任教期间，不但收到了良好的教学效果，而且还受到了师生们的敬仰。北京大学艺术学院正是因为徐悲鸿和齐白石的努力，成为了全国数一数二的艺术院校。

徐悲鸿和齐白石的故事告诉我们：一个好的团队不但需要才学超然的领导，更需要平易近人求贤若渴的上级。

不可否认，职场是一个等级分明的地方，下属一定要服从领导的命令。但这不等于双方必须保持对立情绪。一个聪明的领导，会尽可能地与下属拉近关系，利用亲和式的管理方法，拉动团队的战斗力。亲和力的管理方式，能让下属真心接纳领导的想法和理念，愿意与领导一起创造一个又一个的辉煌。

所以，在管理团队的过程中，你应该学习徐悲鸿先生，尽可能展现亲和力，努力拉近与下属的距离。这样，下属自然对你无比喜爱，从而形成一个强有力的团队。而对你个人而言，这是百利而无一害的。

拉近与下属的距离，有时候一句话、一个动作便可达到目的。但是想让这份感情长久维持，那么我们需要注意以下两个方面：

1.“圆桌”效应

所谓“圆桌”效应，即为会议室多使用圆桌，让员工感受到平等和谐，感受到与领导的距离被拉近。事实证明，坐在圆桌旁的人更容易产生亲切的关系。

圆桌效应运用得最为成功的，是日本的日立公司：

在20世纪60年代的日本，当时机电公司数量众多，日立公司在世界百家大公司中排名仅仅是第46位。但是到了70年代,他们就已经排到了第16位。

原来,日立公司在平常管理中,将圆桌效应进行了充分的运用。日立高速发展的原因离不开他们的圆形会议桌,与会人员坐在任何一个位置都可以,因为座位本身就没有主次之分,大家能够感受到团体氛围,畅所欲言。

对于这种方法,日立公司的总裁解释道:如果桌子是四角形,就很容易让员工产生职位意识,职位相对低的人就会有压抑感,不能与他人融洽交谈,更不敢随意发表自己的见解,这样的"等级会议"往往会使公司失去许多创新和发现问题的机会。但是,圆桌却令职工感到与领导之间没有距离,因此各种行之有效的观点层出不穷,这才促进了当时日立公司的大发展。

当然,想要拉近团队间彼此的关系,我们不必完全照搬硬套。与你的下属平等相处、彼此尊重、互相激励、适当为下属制造出民主融洽的心理氛围,可以激发每个人的参与热情,这样你才能更快、更有效地从你的下属那里得到有效的信息。

2.对待下属多鼓励

下属在工作中取得的每个成绩,表面上看这是他的本职工作,但是如果领导从来不做表示,那么下属就会产生一种受冷落的情绪,认为领导对自己毫不关注,导致工作积极性的下降。

所以,在看到下属有了成绩时,我们应真诚地对下属鼓励,可能你一句小小的鼓励比一百元的奖励更有效;一个认可与信任的眼神、一次祝贺时忘情的拥抱、一阵为分享下属成功的开怀大笑、一张鼓励下属的便条或亲笔信,可能比年终的模范证书还要管用。

甚至对于那些失败的下属,我们也应以鼓励为主,让他放松心理压力。当下属体会到领导非常重视自己,那么自然会对领导报以感激,并在未来的工作中努力挽回损失。这样,团队中的每个人都会感到自己得到了应有的重视,他们会带着饱满的精神状态,迎接新的挑战!

人气源于分享

周康是一名毕业的清华学生，与另一名名叫张军的某名牌大学生共同进入了一家电力集团。虽然身为清华学子，但周康表现得极其低调，并不愿意和张军争什么。相反，张军的性格外向，总是习惯大大咧咧地说话，尤其在攻克了某件艰难的任务时，就会立刻通知大家前来“欣赏”。

然而半年过去了，张军却郁闷地发现，那些老前辈、新人都喜欢和周康来往。他有些摸不着头脑：“那个书呆子怎么会得到这些人的好感？难道他比我优秀？”

然而，通过几个星期的观察，张军并没有感到周康有什么过人之处。素来直来直往的他，在一天下班后找到了办公室主任，问道：“主任，为什么那么多人都那么喜欢周康？”

主任没有说什么，只是低头笑了笑。

张军冷笑道：“哼，他们一定觉得他是清华毕业的，所以高人一等，对不对？有什么了不起！”

这时候，办公室主任开口说话了：“恰恰相反，在周康的身上，我们没有感觉到所谓的傲气。张军，不可否认你很优秀，但在处理同事关系的问题上，你的确不如周康。别看周康很少说话，但每当有了成绩时，他总会给那些前辈第一时间发去邮件，感谢他们的指导。不知道你是不是还记得，上个月他独立完成了一台发电机组的改进，结果获得了1000元的奖金。那天晚上，他邀请咱们同事一起吃饭，当然也邀请了你。可惜，你没有去……”

张军不服气地说：“可是，每次我有成绩的时候，也给那些前辈们看了啊！虽然，我没有写什么虚伪的感谢信……”

主任说：“这就是你和他的区别。你更多的是炫耀，而周康更多的是分享。即使一个项目和自己无关，但仍然能够听到成功者对自己的感谢，这样一个人谁不会喜欢他？我想，这也许就是清华的一种风格吧。张军，你也是名牌大学毕业，但这一点上，你真的不如他。这绝不是什么学历的问题，而是态度问题。”

有很多人不解地询问：为何我和同事的关系很难拉近呢？在职场中，无论你身处的公司规模如何，我们每一个人都有这样的渴望：与同事之间关系和睦，拥有较高的人气。其实想要做到这一点很简单：获得成功后，第一时间与同事分享工作的成功。即使是凭你一己之力得来的成果，也不可独自居功。让那些属于同一部门，曾经协助你的同事一起分享这份荣耀，那么你的人气自然居高不下。

我的功劳为何要与他人分享，这样我的努力不就被人遗忘了吗？也有人这样认为。其实，你的所作所为在上司眼中被看得清清楚楚，如果自己一味卖弄、夸耀，反而会落得骄傲之嫌，当然，同事也会觉得十分无趣，达不到双赢的目的。相对地，如果你大大方方地与同事分享功劳，一方面可以做个顺水人情，另一方面上司也会认为你很懂得搞好人际关系，从而给你更高的评价。

张书俊是学软件工程的，大学毕业找到了一个专业对口的工作，工作几年后在公司带领了自己的团队。这天，他接到了一个重要的软件开发工程，经过不懈努力，这项工程终于取得了重大突破。

见到此，老板自然欣喜万分，于是急忙把小张叫进了办公室。这个时候，恰巧秘书进去送资料,回来后告诉办公室的其他人:“老板正在夸奖小张呢!”于是,大家都纷纷向李秘书围拢过来,询问其中的原因。秘书说:“老板把小张夸奖了一番,我可从来没看到老板这么高兴过。”

听到这里,开发小组的几个组员都有些不满,小声议论了起来:“那都是他一个人的功劳吗?没有我们从旁协助他会成功吗?就是啊,太过分了,忘了我们连续加班十多天的时候了。”

就在大家七嘴八舌之时,老板亲切地拥着小张走出了办公室,高兴地对大家说:“谢谢你们研发小组的同人们,刚才张组长已经向我说了,你们为这次任务付出了很大的努力,听说有几位同事还是带病加班,真是辛苦你们了,本月给你们发双薪。”

老板的话音刚落,办公室里响起一片掌声,同事们把小张围住,大笑着拍着他的肩膀,并竖起了大拇指。从这以后,小张负责的开发小组接连攻克难题,因为组员心里明白:和这样的同事共事,是自己的幸福!

在这次软件工程中,尽管小张的功劳最大,获得嘉奖本身无可厚非;但是,小张精通人情世故,他深深地明白有功不能独享这一道理,于是立即和同事们进行分享,结果受到了大家的拥戴。可以想象一下,如果小张没有将功劳分享,那么其他同事一定会心存不满,那么他未来的工作自然不能顺利进行。

我们这些“职场人士”应该以小张为榜样。如果你赢得了一份荣耀,那就请你第一时间做好以下几件事:

1.感谢

即使你的成功完全是自己的功劳,千万不要把所有功劳都当成自己的,即使实际情况确实如此,你也应该立即感谢他们,感谢同事的鼓励、帮助和协作,感谢上司的提拔、授权和指导。当着所有人的面将这份成功分享。如果同人的协助有限,上司也不值得恭维,你也十分有必要感谢他们,这样做可以让他们更积极地投入到下一个项目中,使你的工作做起来更加顺畅。同时,你还应将分享作为重点，而不是将主要笔墨放在“自己如何攻克难题”之上。

2.分享

利益分享——假如你的功劳受到了老板的嘉奖，那么，你就应当主动地与同事分享这份实质奖励，这样就会让旁人有受尊重的感觉。如果你的荣耀事实上是众人鼎力协助完成的，那么你更不应该忘记这一点。

办公室外的“happytime”分享——及时与同事分享，并非只有成功后的快乐，生活中的点点滴滴，都可以是分享的内容。你可以让这种分享，形成一种持续性的习惯。你有没有在8小时以外跟你的同事打过电话?逛过街?吃过饭?如果一次也没有的话，那么就要小心你的同事已经把你当作了一个不合群、性格孤僻的人了。

“小吃”分享——在公司中，我们不仅只有工作这一件事，其实，很多小细节都能够起到与同事“分享”的目的，例如分享小吃。同事带水果、瓜子等零食到办公室，中午休息的时候请大伙吃，这时你千万不要以难为情为由一概拒绝。有时，同事有什么高兴事，买点东西请客，也很正常。对此，你应该积极参与，千万不要冷冷坐在旁边一声不吭，表现出一副不稀罕的神态。时间一长，人家当然有理由说你清高和傲慢，觉得你难以相处，那么你在公司中的朋友自然越来越少。

不要对同事期望过高

清华大学为什么能够成为学子们梦寐以求的顶尖高校？著名学者傅国涌先生认为，这一成果是曾经的清华大学教授们各自风格迥异、却又互相体谅的精神铸造的。人无完人，金无足赤，清华大学的教授们对同事的大度和不苛求，这才造就了清华大学百舸争流的局面。

傅国涌先生在《民国年间那人那事》里，这样写道：

剧作家王文显是清华大学外文系主任，他教的也是戏剧。王文显讲课的时候，完全是照他编的讲义在课堂上去读，年年照本宣科，从不增删，不动感情，给人的印象"仿佛是长老会的牧师在主持葬礼"，下课钟声一响，他马上离开，从不多留一时半刻。

吴宓先生则"讲起课来就像罗马舰船上的划桨奴隶在做工"，只要涉及的引文，别人都是照着书读，或抄在黑板上，而他总是有条不紊地背出来，他上课很有个人见解，虽然不可能说得全部正确，但绝对是言之有物。

叶公超讲课则很有意思，他上课的时候并不给学生讲，而是让坐在前排的学生，由左到右，依次朗读，到了一定的段落，他会喊停，问大家是否有问题，如果没人回答，就让学生一直朗读下去。有人偶尔提一个问题，他断喝一声"查字典去"！声音极有威慑力。

张申府的逻辑课在那个时候最受欢迎，他很少讲逻辑学，而是骂蒋介石，简直成了热门论坛，听课的人很多，拥护的来听，反对的也来听，课堂挤满了人，窗口也站着人。那样的盛况不可谓不壮观。

可以说，这些教授每个人或多或少都有自己的缺点，有的教授之间还存在一定竞争关系，但是他们并没有因此对对方提出各种不合理的要求，而是尽力维护清华这种百家争流的局面。正是这种并不完美的课堂教学，造就了钱钟书、钱伟长、陈省身等一流的文学家、科学家，为祖国培育了一个又一个栋梁之才。

尊重其他教师授课和学术的不同风格，而不是苛求其做到完美。清华大学的教授们用实际行动告诉了学生：人是各有所长的，对别人不能求全责备。不必要求同事做到完美，而是形成一种团队互补的状态，而是懂得用其所长，这就是清华大学成为百年名校的关键！

百年清华如此，职场亦是如此。我们都想在一个完美的团队里工作，因此我们就必须与同事建立良好的人际关系，尊重他人的习惯、能力，而不是一切都从自己的角度出发。简而言之就是：不要对你的同事期望过高。适当降低期望值，反而有助于团队的磨合。

心理专家认为，期望值是指人们希望自己所做或所想的事情达到成功的一种比值。实际上，同事之间也是如此，对他的期望越高，失望就会越大。因为他毕竟不是你，怎会了解到你究竟有什么样的需求？刻意要求同事，非但不会得到任何好处，反而增加了压力。同事不同于朋友，他们永远也不会像朋友那样对你关怀备至，如果对其期望值过高，到头来你还是一直站在被伤害的位置。

张芬五年来共换了四次工作，而每一次她厌恶工作的程度都比前一次更深。“这里的组织根本就不完善，”张芬在做前三个工作时都这样说。

“在这里，我不会有任何发展。”这是张芬在离开第四个工作岗位时的一句评语。

第四份工作结束以后，张芬决定安定下来。她特意选择了一家很大规模的多元化公司，因为这样她可以选择不同的事业途径。当张芬决定接受这家公司为其提供的职位时，说：“贵公司对我吸引最大的是生产部门，这是业务的神经中枢。”

然而没到三个月，张芬就和同事发生了争执。她对同事小赵的某个项目充满不满，于是就告诉她：“你的想法很荒谬。”然而，她的建议没有得到小赵的采纳，这让张芬很是窝火。

“那个女人总是自以为是，不懂装懂。我给她建议是为她好，我希望她能做到完美！”

张芬如此评价起同事。很快，小赵得知了她的话，心里自然也很恼火，两人因此陷入了“战争”，总是会因为一些小事儿产生争吵。这种频繁而又长期的摩擦，不仅发生在张芬和小赵之间，也开始发生在张芬和其他同事的关系上。

然而，对于还是新人的张芬来说，她怎么可能“斗得过”已属于元老的小赵？没过多久，她就因为太过压抑，离开了这支团队。

不可否认，张芬的出发点是为团队着想，然而因此就要求同事做到某种程度，这显然是不得当的。在与同事的交往中，一定要建立合理的期望值，这样我们才能融入团队。

要明白这个道理：每个人对人情世故的把握程度都是有限的，不可能事事运筹帷幄。这就要求我们在为人处世中，要及时地根据不同境地和情况的变化，来审视和调整自己的期望值，适时地采取相应的举措。同事之间存在隔阂是正常的，而化解同事给你带来的压力的重要方法之一，就是不要对其有过高的期望值。同事毕竟是同事，永远不会像朋友那样与你亲密无间。

亲密的同时,别忘记保持距离

梁思成是中国伟大的建筑家,他一生爱国,更为国家培养了众多建筑专家。1945 年,梁思成来到清华大学筹办了建筑系,从此,他把自己的后半生投入到中国的教育上。在清华大学,梁思成因为教育风格独特,为清华校园带来了亲密有加、但又适当保持距离的清新之风。

在清华大学教学期间,虽然梁思成除了教书,还要担任繁重的行政工作,每天都在繁忙中度过,但他依旧不忘和学生们时常交流、沟通。他善于深入浅出地、用生动的语言和比喻向学生讲明什么是建筑,建筑师的任务和建筑师应该怎样工作等。

不但在课堂之上,课外之时,他也经常教育和引导学生时刻注意周围的环境,观察所见到的建筑,与建筑师有关系的一切事物都会引导他们去研究。

著名建筑学家梁友松曾是梁思成的学生,他至今仍不能忘记上学时梁思成和他们在一起的情形:"那时四个年级在一个大教室里,我和比我高的四个年级的同学老混在一起,一道听梁先生讲课,一道和老师过节联欢,一道进城去游行。所以虽然在年龄和学识上有差异,但这四个年级的同学感情竟如同班一样。我后来觉得这正是梁先生施教的方式,一方面学术民主,鼓励学生表达不同意见，另一方面让大家互相影响，互相取他人之长，使学生在不知不觉中养成一种质朴的学风：不苟同、不固执，也不拘泥，心胸开阔，接纳百川。”

梁思成和学生的关系虽然处得很好，但是，梁思成在亲密的同时，也没有忘记和同学们保持一定距离。他是不赞成那些少数艺术家所谓不修边幅的习气，他认为那是一种散漫的、不负责任的习惯。梁思成强调一个建筑师要对一个工程负责，必须要有严格和科学的工作作风。因此，即便私下他和同学们玩得如何，但在工作的过程中却绝不和同学们勾肩搭背、称兄道弟，公私分明的分寸拿捏得很好。

正是和学生保持了不远不近的距离，学生感到了梁思成身上那种老师的威严，因此钦佩有加。也因此，梁思成所带的班级真正做到了“团结活泼，严肃认真”，他的学生中也诞生出了诸多优秀的建筑学家。

梁思成的这种观点，很值得我们借鉴。身在职场的我们，在与同事、下属建立亲密的关系之时，也同样不能忘记保持距离。因为，亲密一旦过了头，同样会产生不良后果——在老同事眼中，他们会认为你过于不拘小节，言行松散；在异性同事面前，他们会觉得你太过随便；在下属眼中，他们又会觉得你没有一点领导样，因此不把你放在眼里。

一旦团队里的每个人都会有这种想法，这个团队又怎会拧成一股绳？所以说，在亲密的同时保持距离，这才是与团队完美衔接的关键。

与很多幸运的大学毕业生一样，海龙凭着自己的一技之长和超强的工作能力，找到了一份称心的工作。很快，领导发现他思维敏捷，文笔流畅，对工作管理也很有一套，非常欣赏他，调他去办公室从事行政部门工作，认为他在管理方面会更合适一些。

海龙本来就是一个大大咧咧、不拘小节的人，加上刚走出校门思想单纯，就和办公室里任何人都称兄道弟，心里不藏话，有什么说什么，和人打得火热。很多人都觉得，正是海龙的到来，这个团队仿佛更加充满了活力。

这天,趁工作之余,同事们又在一起聊天,小王说:"我都来公司两年了,官当不了还不说,就连工资都不见涨,真是郁闷。"

海龙热心地说:"没关系,只要自己努力做,领导会知道的,工资也一定会涨的。你看,我刚来公司半年领导就给我涨工资了。要不你们晚上来找我,我给你们分析分析咱们领导的特点。当你了解到这些了,加薪就肯定没问题!"

听到这里,所有人一愣,接着就去忙自己的事情了。

后来年终评先进模范时,海龙居然一票未得。他很疑惑:"单位里有上百名员工,为什么就没有一个人投我的票?平时和同事关系还好,为什么会出现这样的结果?"

在这个案例中,海龙犯了一个很严重的错误——说了那些不该说的话。这一切,都是由于和同事太过亲密,结果忘了禁忌造成的。我们要明白:同事与同学、朋友不一样,同事都是成年人,大家都有各自的思想,关系也往往存在着许多利益冲突。

简而言之,同事之间都有一种竞争关系,这种竞争关系在很大程度上掺杂了个人感情。表面上大家同心同德、和和气气,内心里却可能各自打着各自的小算盘。因此,我们对同事太过热情,反而会暴露出自己的缺点,结果被他人利用。

所以,我们必须学会正确认识"团队交流"。在与同事交流的过程中,我们必须遵循以下几点:

1.同事之间不要"口无遮拦"

"老板是和我抬杠,真不知道我哪里得罪他了!"

"为什么他总是和我作对?这家伙真讨厌!"

在办公室里,我们经常会因为某种问题,向同事如此抱怨。表面上看,这样的话本身无可厚非,但是我们需要知道:这些话语是职场中的"软刀子",是一种杀伤性和破坏性很强的武器,会让单位里的其他同事对你产生一种避之唯恐不及的感觉。试想,如果你的身边天天有一个咒骂老板的人,你敢和他在一起吗?

要是到了这种地步,相信你在这个单位的日子也不太好过。所以,即使你的心里话再多,也不要口无遮拦。

2.同事之间最好不要有金钱来往

俗话说:“如果你想破坏友谊,只要借钱给对方就可以了。”常人几乎都有一个坏毛病,那就是向别人借来的钱很容易忘掉,借给别人的钱,经常记得牢牢的。如果你总是向同事借钱,那么久而久之,同事不免产生一种厌烦的情绪,对你感到一丝反感。

在同事们的印象中,小向是一个没有心机的人,因此都愿意和他交往。但是慢慢地,同事们发现田静有一个毛病,这个毛病让很多同事头疼得甚至远离他——爱管人借钱。无论是关系很好的同事还是关系一般的同事,小向都能随便开口向他们借钱。有时同事的确身边没带钱,小向就会当面埋怨同事不够交情,觉得都是同事一场,怎么借点钱这么困难!

这天,小向又向小王借钱,因为自己刚发奖金,小王不好推辞,只好借给了他。而小向也说得好好的:“下周一就会还给你!”

然而到了周一,小向却根本没提钱的事情,相反还在办公室里向其他人借钱。小王立即对他产生了反感,认为作为同事,竟然和自己玩这一招,简直太过分了!

这件事很快在同事之间传开了,小向的人气急剧下降,没有人再愿意与他在一起。因为太过苦闷,半年后他也只好选择了离职。

无论我们与团队的其他人如何友好、如何关系“铁”,也不要轻易提及“借钱”二字。借到了几百元是小,但损失了团队中的友谊,这才是大!当然,如果你着急用钱,必须向同事借钱,那么不妨和同事说清楚用途,同时写上欠条,这样出现误会和摩擦的机会就会大大减少!

第 9 课

“以寸草心，报三春晖”的孝顺义务

“慈母手中线，游子身上衣。”每个人，都爱着自己的父母，他们为自己倾尽了毕生精力。所以，孝顺，是每个人都应做到的基本道德规范。看看朱自清的《背影》吧，那份对父亲的爱，感染了每一个人。我们要做一个强者，更要做一个懂得孝顺的强者。

每一个孩子都是父母掌中的珍宝

父母的爱是这个世界上最无私的一种感情，也是最伟大最温暖又最慈祥的。父母牵挂着我们的一切，他们的心情随着我们的喜忧而起伏，父母把太多的爱给了我们，从不衡量得失，从不计较回报。所以，我们要细心地去感知父母的温情，用一颗感恩的心去对待父母。

父母的爱，无须考量，无须犹豫；他们给予子女的爱，是毫无保留的，像涓涓细流一样永不枯竭。不管子女是否足够优秀，是否会成为他们的骄傲，他们都会感恩上天赐予给自己的这个宝贝。即使多么辛苦，只要听到孩子叫“爸爸”，叫“妈妈”的声音，即使汗水也变得晶莹，这就是父母的爱。

有这样一个关于母爱的故事，温暖而感人，也引发所有人深思。

妈妈看见儿子长成了一个小小男子汉，非常高兴地送儿子去上幼儿园。她希望他的世界不局限在家里，会有自己的朋友和圈子。妈妈觉得儿子是那么招人喜爱的小家伙，其他的人也会像自己这样喜欢儿子，她希望儿子每天都过得快快乐乐的。

但是，在一次家长会上，妈妈才知道事实并非如此。幼儿园的老师对她说：“你的儿子有多动症，在板凳上连3分钟都坐不了，你最好带他去医院看一看，不然会影响其他小朋友。”

全班几十个小朋友，老师仿佛只有对自己的儿子表现出了不屑，这让妈妈异常难过。伤心的妈妈牵着儿子的手回家，还不知情的儿子兴奋地问妈妈，家长会上老师到底说了什么。

听着儿子稚嫩的声音，她鼻子一酸。但她忍住了眼泪，努力微笑着对儿子说："老师说宝宝进步很大，宝宝原来在板凳上坐不了1分钟，现在能坐3分钟了。妈妈很开心，因为我的宝宝受到了老师的表扬！"

其实，当她听到老师的批评的时候，也想狠狠地教育儿子一番，也想说他为什么这么不争气。但是，她知道，儿子需要鼓励，他小小的心灵需要更多的自信。所以，她对儿子撒了一个美丽的谎言。

回到家后，儿子表现得非常乖，破天荒吃了两碗饭，并且是自己吃的，没让她喂。

很快，儿子进入了小学。他并不是个天资聪颖的孩子，小学的课程都有些吃力。一次数学考试，儿子考了倒数第十名，老师告诉她："我们怀疑他智力上有些障碍，您最好能带他去医院查一查。"

回家的路上，她想了很多，又一次伤心地流下了眼泪。然而，回到家她却告诉儿子："老师说你并不是个笨孩子，他对你充满信心。他还说，只要你细心，更加踏实勤奋，肯定会超过你的同桌的。"

听了妈妈的话，儿子的眼神有了光彩，完全看不到考试失败的沮丧。从那以后，儿子变得非常温顺，学习也更加勤奋，好像一下子长大了许多。她知道，儿子考试失败已经很难过了，任何一点打击都会让儿子失去斗志，只有妈妈给予他鼓励，才能让他继续前进。

儿子渐渐地长大了，她也已经习惯了儿子的名字总是出现在差生的行列中。初中的家长会，她坐在儿子的座位上听老师点名，然而这次直到结束都没听到儿子的名字。老师告诉她："按你儿子现在的成绩，考重点高中有点危险。"

虽然老师没有夸奖儿子，但这却让她非常高兴。第一次这样轻松地参加家长会，她迈着轻快的步伐走出校门，心里有一种说不出的甜蜜。看到儿子充满期盼的脸，她告诉儿子："老师对你非常满意，他说了，你的进步非常快，只要你坚持不懈努力，考上重点高中的希望很大。"

高考的时候，儿子报考的是清华大学。这些年来，儿子用一次次的惊喜来回报她的鼓励和支持，她相信，这次儿子也不会让她失望，因为在她的心中，儿子一直都是那么优秀。

当儿子把清华大学的录取通知书递到她的手上时，她的眼泪再次流了下来，她再也不用在儿子面前掩饰自己的眼泪了。儿子深情地拥住了妈妈，哽咽着说："妈妈，我知道我不是个聪明的孩子，可是，这个世界上只有你能欣赏我……"

当所有人都对儿子提出质疑的时候，只有她给了儿子坚定的信心，如果没有她坚持不懈的鼓励，儿子也许早就自暴自弃了。她知道，这些年来，儿子付出了多少，也只有她见证着儿子的每一个进步，每一次成长。所以当喜讯传来，她怎能不悲喜交加。是的，也许她的儿子不够优秀，不够完美，但在她眼里，儿子始终是最棒的！这就是可怜的天下父母心。

每一个孩子都是父母手里的珍宝，不管人情冷暖，世事变幻，即使所有人都放弃自己的时候，只有父母依然不离不弃。父母的爱，是无声的，但是却是最真实有力的，他们用行动引领儿女走向成功，用智慧教育儿女明白人生道理：用他们的双手，给儿女铺好道路；用他们的肩膀，为儿女撑起一片天。

是的，有了父母的爱，我们才可以安然地沉浸在万物之中，行走于天地之间；有了父母博大的胸怀和无微不至的关怀，我们才能从无知走向睿智，从忧愁走向高歌；才有了生命的波动，历史的延续，理性的萌动。父母的爱，也许不像其他情感那么旖旎动人，让你魂牵梦绕，但是，他们的怀抱却是你最永恒的宁静港湾！

别忘了渐渐老去的父母

北大招生网上公示了2012年度"中学校长实名推荐制"资质的211所中学及其校长名单，此次的北大推荐生标准，首次明确规定不孝敬父母的学生不得推荐。这则新闻，引发了社会上的普遍关注。

广大学者对于北大推崇"孝"的做法表示赞同。这样的声音，占了绝大多数。

一位北大的负责人这样说道："孝顺，也是北大的精神之一，我们不必把'孝敬父母'看成具体的考核方式，可以把它当成一种符号，这代表了北大的选才观念：注重考生对传统文化的继承。我国的传统文化观念有'百善孝为先'的提法，'孝'是传统道德观念的核心内容。北大对人才的要求之一，就是其是否注重对传统文化的继承和发扬。我们在推荐学生的时候也会考虑到这一点，考虑学生是否具备传统美德。"

育才更要育德，北大推行孝行的精神，是对传统文化的一种传承，也是对中华美德的继承。的确，"孝"是一个人最基本的品德。一个人如果连生自己、养自己的父母都忘记的话，怎么能期望他做一个仁义的人，做一个对别人负责的人呢?

尤其是对于现在的年轻人来说，很多人都在灯红酒绿的都市生活中，忘记了家里还有一双渐渐老去的父母。

也许长大的你，有些不愿意和父母在一起。毕竟，从小我们就在父母的庇护之下成长，自己的一言一行都逃不开父母的眼睛，有被束缚的感觉。所以当我们长大之后，有了一份属于自己的生活，就有了“天高任鸟飞，海阔凭鱼跃”的心态。于是，我们常常忘了回家、忘了父母，全身心地投入于自己的“自由”之中，忘了父母在家中渴盼的双眼。

赵晗一直是父母眼中的乖乖女，从小到大她都按照父母安排好的轨迹行走着，没有一丝偏差。经过十几年的努力，赵晗终于跨入了梦想中大学的大门，成为了人人羡慕的大学生。进入大学之后，赵晗离父母就远了，虽然对家恋恋不舍，但却因脱离了父母的束缚而欣喜不已。

面对五彩斑斓的大学生活，赵晗的心像被放飞的鸽子，肆意地享受自由的快乐。当然，赵晗在刚进大学的时候，对父母还是很是依恋，每隔几天就会给家里打电话；到了第二个月，渐渐适应了大学生活的赵晗跟父母联络的频率大大减少了；第三个月的时候，赵晗在学校的朋友越来越多，有了自己的圈子，所以忘记了回家看看父母；第四个月，赵晗因为准备紧张的考试，连定期给父母写信的事情也忘记了。

对于这样的情况，赵晗并没有觉得有什么不妥。她认为，自己已经长大了，终究要面对社会的，不能总跟父母打交道，所以，她和家人交流的日子越来越少。大一的寒假，赵晗因为要和以前的同学聚会，只在家乖乖待了几天；暑假到了，赵晗没有回家，而是在外实习打工；大二的时候，赵晗去了更远的地方实习；大三的赵晗忙着谈恋爱，假期的时候只顾和恋人你侬我侬；到了大四，赵晗要准备研究生考试，更加忙碌起来；后来，赵晗如愿考上了研究生，但是需要整天和导师一起考察、研究……

总之，随着赵晗的一点点长大，她留给父母的时间越来越少。在某一时刻，赵晗也会因此而感到失落。她会对自己说：“好想和父母在一起好好聚聚啊！”但是，她又觉得这简直是个奢望，自己实在“太忙了”。她很会为自己释怀："现在只有勤奋努力，才能打好基础，工作了，时间就宽裕了，我就可以多点时间陪父母了。"

研究生毕业了，赵晗终于参加了工作。但是，这个时候她才知道，工作之后的自己更加忙碌：她必须要认真工作，因为竞争越来越大，就业压力远比她想象中的要大得多，于是，她不得不像陀螺一样不停地转，因为稍微停一下就有出局的危险。另外，工作之后还没有了暑假和寒假，赵晗想要多陪父母的愿望又破灭了。于是，她想着工作稳定之后再回家帮妈妈做做饭，帮爸爸捶捶背。

终于，赵晗在自己的工作领域占有了一席之地，但是她开始了恋爱，整天和男朋友待在一起，恨不得将所有的时间都用来约会。再接着，她结婚了，有了孩子……赵晗的心又扑在了孩子身上，回家和父母聚聚成为了奢望，渐渐地，回家的愿望也变得极为淡泊，到最后似乎回不回家都无所谓了。

其实，赵晗不知道的是，在每一个假期，每一个佳节，她的父母都会坐在她曾经的床上，一遍遍翻看着赵晗从小到大的照片。然后，老两口在不断的回忆中，伤心地流着眼泪。

生活中的我们，看到这个故事，是不是也看到了自己的影子，感到了些许心酸？的确，有的时候，我们会这样安慰自己："将来我会好好陪父母的！"我们总会有各种各样的理由让自己"忙"，总会有各种各样的理由让自己"寄希望于未来"。就这样，这个"将来"一直延续下去。

其实，即使我们已经到了独自生活的年纪，即使我们多么希望过潇洒自在的生活，我们也不能忘记父母的感受。当我们告诉父母"等忙完这段时间就回去"，而我们处理完这件事又要去干那件事，而把自己的承诺忘到九霄云外的时候，父母每天都在家里盼着你回来。

是的，我们可以以忙为借口。但是，我们最爱说的那个"忙"是不堪推敲的，难道你真的连一点时间都抽不出来吗？在这个世界上，难道还有什么比孝顺父母更要紧的事情吗？你知道吗，在你一次又一次的借口中，你的失信，不但让他们失望,更加深深地伤害了他们的心。

所以,无论你是在校园里的学生,还是在职场上奔波的人,都不要忘记渐渐老去的父母。对于年老的他们来说,你是最大的精神寄托。想念是虚无的,只有你真正做了,想念才能被称为想念,爱才是实实在在的真爱,多抽出一点时间陪陪自己的父母吧!当你和父母坐在一起享受生活的美好时,你会感觉到:时间没有流逝,父母对你的爱并没有消失,家才是永远的童话世界!

心与心的交流，才是真正的孝顺

朱自清是北大著名的教授，他的那篇《背影》所有人都不会感到陌生。叶圣陶先生曾经这样评价朱自清的《背影》：“文章做到了文质并茂，全凭真感受真性情取胜。”的确，朱自清的《背影》以朴实无华的文字，真挚强烈的感情，描写了家庭遭到变故，父亲到车站送别远行的儿子这一极富情味的动人场景。那种对父亲的爱，真的让人不自觉地动容。

人如其文，朱自清是个名副其实的孝子，他非常注重与父亲心灵上的交流。朱自清还是学生的时候，因为为了买书将父亲为自己做的皮袄典当，当他有能力后第一件事想的就是赶紧把皮袄赎回来，因为那是父亲的心血。七七事变之后，朱自清先生转往大后方，他对年迈的父亲极其挂心，于是写信给当时在上海教书的李健吾，特别拜托他照顾住在扬州的老父亲。

因为时局动荡，朱自清不能与父亲频繁见面，更不能亲自照顾父亲，但是他的一举一动，都让父亲深深地感动。父亲明白，虽然儿子不能常常回家，但是那种心与心的交流，从来没有断过，他对自己的关心也没有终止，这些情感的碰触，比物质更温暖自己。

我们的生命来自于父母，当我们蹒跚学步时，父母牵着我们的手前行；当我们可以独立行走时，父母陪伴我们同行；当我们远走他乡时，父母目送着我们的背影。不管走到天涯海角，我们始终走不出父母注视的眼光。是父母含辛茹苦地将我们养育成人，并且教会了我们一切。

“滴水之恩，当涌泉相报”，父母将毕生的精力都给了我们，然而，我们又回报了几分？当我们青春勃发时，父母也许已两鬓渐白；当我们人渐中年时，父母也许已溘然长逝；当我们贫穷的时候，我们给予父母的不多，当我们富有的时候，父母却已经无法分享……“树欲静而风不止，子欲养而亲不待。”我们要体会到父母的艰辛，趁父母还健在，多多回报父母的深恩。当然，这份回报并非是给父母多少钱，他们需要的，是心与心的交流。

唯有用心，才是真正的孝顺。

孝敬母亲不是一句空话，而是要身体力行地去做。为父母做事，不分事情大小，更和身份无关。

现在这个社会，不孝顺的子女只是少数，大多数人都知道关爱父母，会时常回家看看父母。但是，因为要忙自己的生活，他们只会给父母拿些钱，然后便匆匆离开。其实，这样的行为会更加伤害老人的心。因为，老人更加需要的是心灵的慰藉。

所以，我们要明白，父母并不是在你的手里讨生活，他们也需要情感的交流。要知道，在老人的眼中，和你坐在一起，吃一顿热乎乎的饭菜，这远非是金钱可以换来的。因此，作为一个孝顺的子女，除了物质方面的关怀外，我们还要做到以下这几件事：

1.时常问候父母，经常打电话和父母交流

由于一些原因，我们不得不离父母很远，不能常常回家看望父母，这个时候，我们就要保证与父母经常电话沟通，一般来说，你与父母的电话沟通应保证每周一次，即使工作再忙，也不能找借口推辞。

不一定非要有事才打电话，你也可以只问问家里最近的情况，顺便也谈谈自己的工作和生活。父母只有知道你不回家的原因，知道你挂念着他们，他们才不会产生被遗忘的落寞。另外，在和父母通电话的时候，你应当多说话，不要只是不假思索地说“嗯”、“啊”、“不错”、“好”，这样父母就会感到你是在敷衍自己，失去了和你继续交谈的兴趣。

2.回到家和父母多聊天

回家看望父母的时候，就要专心地陪父母，不要再忙碌那些无关紧要的事。你可以和父母坐在一起聊天，说说你最近的情况，问问父母的健康，自己有什么决定等等，问问他们的意见。和他们聊天，父母就会觉得自己的存在是有价值的，也让他们感觉到你的心里始终装着他们。这样长期坚持下来，父母的心灵就会产生莫大的慰藉。同时，和父母经常聊天，还有防止老年痴呆症的作用。

3.为父母做一些贴心的小事

父母还年轻的时候，我们回到家之后都习惯享受父母的关怀。然而，当父母逐渐老去，当我们回到了久违的家里，看到父母的白发，心酸是不言而喻的。这个时候，我们不妨为父母烹饪一碗精心调配的粥，洗一次脚，甚至只是带着他们去散散步，老人的心里都会感觉到很温暖。

4.陪父母过生日

不管我们多忙，距离多远，在父母生日的时候，必须赶回家里陪他们度过。当然，回家陪父母过生日并非说两句祝福、大摆一桌这么简单。

父母生日这天，我们一定要像小时候他们宠我们一样满足他们的爱好：如果父母喜欢游山玩水，那就为他安排一次旅行；如果父母身体欠安，那就送他两张保健卡；如果父母喜欢热闹，那就饭店里订上一桌，一大家子其乐融融……总之，无论用什么样的庆祝方式，你一定要在父母生日那天及时赶回家里。否则，即使你将天上的星星摘下来给他当礼物都没有任何意义。

说了这么多，还是多年前陈红那首《常回家看看》唱出了老人的心思：“老人不图儿女为家作多大贡献，一辈子不容易就图个团团圆圆……”所以，作为子女的我们，不要以为给予父母优厚的物质生活就是孝顺，和父母进行心与心的交流，才是最与父母贴心的关怀！

翅膀再硬，也别忘了身后的父母

程曜是清华大学的教授。他生在台北，长在高雄，是家里最好的孩子。

1998年，程曜一生操劳的母亲患脑梗死病倒了，需要人搀扶才能行动。妻子为了恢复他们的正常生活，希望出一笔钱把母亲送到养老院，程曜却坚持把母亲留在身边奉养。不管妻子如何劝他，程曜坚决不答应将母亲送走，因为这个原因，妻子最终选择了和他离婚。

因为台湾地区的护工很贵，为了照顾母亲，程曜下决心离开台湾。就在这个时候，他收到清华大学的邀请，虽然收入远没有在台湾的时候多，但因为在北京更容易找到护工的原因，程曜接受了邀请。2002年，程曜背着母亲来到了北京，把家搬到了清华园。从那以后，在清华大学校园，经常能看到程曜推着母亲散步，每周末他还推着母亲去香山。

2008年，母亲身体越来越差，已不能说话。每天上下班，程曜都到母亲床前，拍拍她的头，亲亲她。虽然母亲不能像以前那样"幺儿啊"，"儿子啊"地和他打招呼，但仍会开心地对他笑，算作对他的回应。

因为母亲的原因，程曜不能出国做学术交流，母亲身体一有不好的征兆，他就请假在家照顾。但是，程曜从来没觉得母亲是负担，他说："当你爱一个人，她每天看到你都高兴地笑，这不是很好吗？你还能够祈求什么呢？"

2011年10月4日，程曜的母亲在北京去世。面对母亲的离去，程曜很伤心："我都觉得是我妈不再支持我了，才走的。可能她觉得我快成功了吧，她也很痛苦，够了。"说到这里，倔犟的程曜眼圈红了。

俗话说："久病床前无孝子。"程曜对母亲的不离不弃，让很多人感动不已，也成为清华园里的一段佳话。其实，孝顺父母是自己理所应当的一件事情。小时候，父母无时无刻不在无微不至地关怀着我们，除了照顾我们的衣食住行，还要努力打拼，为我们的成长创造更好的条件。那个时候，他们没有因为忙把我们扔到一边，没有因为累而对我们置之不理，他们毫无私心地为我们做了这么多。当我们有能力远行的时候，我们应当走到哪里，都心寄父母！

然而，我们在走入社会之后，会在不知不觉中忘记了一路陪自己成长的父母，和父母之间再没了小时候的那种亲密感。当面对父母时，我们总会有这样的想法：我已经成家立业了，已经能在社会上独当一面了，所以也不必再受父母的约束了。有了这样的心态，我们对待父母的时候，在不自觉中就失去了童年时的那一份尊敬。

也许在我们看来，和父母的疏离是一种"长大"表现，但是，我们不知道的是，我们的行为对父母造成了多么大的伤害。

李斌小的时候，很喜欢听父亲讲故事，但是，长大之后，李斌却越来越不喜欢听老父亲讲话了。人老了都爱啰唆，说来说去都是些家长里短的小事，李斌的父亲也不例外，所以每次听到父亲眉飞色舞地讲他遇见的趣事儿之时，通常是左耳朵进右耳朵出，很少将他的话放在心上，有的时候甚至表现得极不耐烦。

上周，父亲从社区里的活动中心下棋回来，异常高兴地向他描述他和棋友精彩的对局，以及自己的"战绩"如何辉煌。其实，当父亲一脸高兴地回来的时候，他就知道他今天肯定是多赢了几盘，所以，当父亲跟他说的时候，就没接话也没打岔，顶多点头嗯嗯两声。

看到李斌冷冰冰的样子，父亲也感到了乏味，扔下一句："唉，总是这样。”然后悻悻地走了。

父亲的失望是不言而喻的。但不仅是李斌，他的一个女同事菲菲也是如此。因为做家务这样的小事和母亲拌了两句嘴，老人非常伤心，一时想不开寻了短，幸好发现及时抢救了过来。

菲菲被哥哥嫂子责备了一通，去医院看望老人时，还被在医院工作的大姐狠狠地教训了一顿。大姐说：“老人干活肯定迟缓，说话啰唆，这时你就要耐心点，别催促，老人不可能像年轻人手脚那么利落，等咱们老了也是那样。你要知道，咱们小的时候，妈妈是怎么一把屎一把尿地把我们拉扯大的，现在翅膀硬了，知道顶撞父母了是不是？皇帝还要给母亲下跪呢！你不要忘记，是父母给了你生命！”

当我们还是孩子的时候，父母指导着我们做事，犯错的时候我们难免受批评；当我们长大之后，父母也逐渐地老去，变成了一个需要我们照顾的孩子，而这个时候，我们会发现父母的行动远没有以前敏捷，他们还有太多的不正确的观念、思想等，于是我们也开始批评父母。

虽然有的时候，我们指出父母的错误是非常必要的，这会让他们生活得更好。但是，要知道当我们长大以后，当我们能够批评父母的时候，父母已经年老，他们对于生活已经没有了更多的要求，和儿孙共享天伦之乐已经是他们最大的幸福。也就是说，他们在此时已经并不奢望生活再改变些什么，已经不愿意改变，已经没有心神和精力去改变了。

那么，我们就让他们按自己的方式生活吧，即使他们已经跟不上时代的步伐。但是，父母永远都是父母，在孩子面前，他们永远都希望保持权威，希望孩子对自己的肯定，至少这是孩子对他们的尊重。

所以，即使你事业上多么成功，你的思想多么具有权威，你依然不能忘记的是：这一切都是父母的赐予。是他们给了你生命，是他们教会你成长，使他们用自己的汗水换来你可以学习知识的机会。不要翅膀硬了之后就忘记了当初是怎么开始飞翔的，时刻要记住父母那如海一样深厚的恩情。

对待父母也要语气平和

这是2003年，非典蔓延的时候，北大一名学生写的网文：

“非典”开始在北京严重化的时候，一天中午，我接到了远在湖南的父母给我打来的电话。这让我非常意外，因为大概有一年的时间了吧，父母都没有在这样的时间聚到一起给我打过电话了。电话刚接通，我就听见母亲惶恐地问道：“你没什么吧？”

我随意地说道：“我很好啊！”但妈妈却有些激动，几乎吼着对我说：“你不许跑出去吃饭！不许跟一大帮朋友疯玩！不许在大街上游荡！乖乖地待在学校！”

听了母亲的话，我心中一惊：母亲怎么知道我喜欢这个样子？原来，以前她只是佯装不知。

这时候，爸爸的声音传了过来：“听到了没有，你不要乱跑，知道吗？”

这时候，我已经有些不耐烦了，粗暴地打断了他们的话：“哎呀，知道了。我会的！别说了，真的好啰唆！我又不是小孩子。”

但母亲仿佛很了解我：“你就知道敷衍我！我看你还是回来吧，家里的‘非典’不像北京那么严重，对，对！回来吧！我马上让人给你订机票！”

母亲有点语无伦次，我可以想象得出此时她的表情。但我说道：“别开玩笑了，我现在可不能回去，万一我是SARS病毒携带者，到了家里岂不是会传染很多人？”

没有想到的是，因为我一个小小的玩笑，母亲在电话那头沉默良久之后，痛哭失声。母亲就那样没有任何言语地，伤心地哭着。我以前也见过母亲哭泣，但这还是第一次听见她这样无所顾忌地哭。

突然间我不知所措了，我不知道该说什么。我的脑子一片空白，一句话都说不出来，因为我感受到了父母深沉的爱。近年来，因为许多原因，距离上、心灵上，我都离父母越来越远。有的时候，我们十天半个月也很难通一次电话，通了电话也有可能为了一些家庭琐事弄得不欢而散。面对阴云密布的家，我抱怨过、叛逆过；努力过、无奈过、疏远过。有时候，我觉得父母的疏远，让生命中的一切之于我，似乎已经没有了特别的意义。

然而，就在听到母亲的哭声那一刻，我知道，我的生命不仅属于我，还属于我的父母。在这个世界上又有几个人能因为担心你、紧张你而那样惶恐不安、不知所措，甚至痛哭流涕呢？

为什么我不能和父母心平气和地说话?!

那一刻，我感受到了亲情的无私、真挚、沉重，它带给我的巨大震撼。我还能说什么呢？任何语言都是那么苍白无力！这时我才意识到，我的不良情绪不止一次地伤害了父母的心。

以前的我是多么无知，我怎么就不能和父母语气平和地说话呢？这一刻，我知道我错了。

父母对我们的唠叨，都源自于对我们的爱。这个世界上，除了父母，没有谁可以如此包容我们，永远忍耐我们的缺点，忍耐我们让她不断伤心，并且永远用慈爱来回馈我们的伤害。所以，无论我们的年龄有多大、无论我们的事业有多成功，在面对父母时，我们说话一定要保持温和。这不仅是对父母的尊敬，更是自身的一种品德修养。

因为血浓于水的亲情，父母即使为我们做出再大的牺牲，他们也不会在我们面前大肆夸耀，也永远不会奢求从我们身上获得什么好处，只是默默无闻地在我们身上投入，只希望我们幸福安康即可。不可否认，父母总有一天会渐渐老去，与我们产生极大的代沟，甚至出现某些错误的思维，但即便如此，我们也不能对父母大发雷霆，伤了父母的心，更不能对父母的关心产生厌烦。

当然在某些时候，父母和我们产生矛盾，错并不完全在于我们，但这绝不是我们可以对父母说话刻薄的理由。所以，面对父母的时候，我们应该和颜悦色，永远保持语气的温和，要想做到这一点，就从以下这几个方面做起：

1.学会控制自己的情绪

当我们和父母发生矛盾的时候，即使父母大发雷霆，我们也应当控制好自己的情绪。实在不行就躲开这个一触即发的紧张时刻，不要再和父母进行语言上的纠缠。

如果自己在外面受了委屈，或者是情绪不好，也要控制好自己的情绪，不要把坏情绪带到家里。这个时候，我们可以找点高兴的事情调节一下，做做深呼吸，听听喜欢的音乐，把自己的心情整理好了再去面对父母。否则，就有可能因为情绪不好的缘故，把怒气迁怒到父母身上，人在发怒的情况下，最容易失去理智，最容易说话过分，不要无心地伤害了父母的心。

2.互相理解，互相尊重

父母和孩子相互接触的时间比较多，难免会磕磕碰碰。很多人都是对身边的人苛刻，对陌生人客气，这种心态也就成为了家庭不和的隐患。所以，在面对自己的父母的时候，说话也要注意分寸，学会尊重、理解他人，以免导致家庭大战的爆发。

3.不要对父母的唠叨不耐烦

父母总是怕孩子吃不饱、穿不暖。不管孩子多大，在他们眼中，你还都是一个孩子。所以，他们总是不停地唠叨。对于这份唠叨，我们自然有些厌烦，于是有时候就表现得非常急躁，说话的分寸很难拿捏，结果造成了与父母之间的隔阂。

对于父母的唠叨，我们要学会体谅。其实，仔细品味“唠叨”，认真思考“唠叨”，就可以发现“唠叨”里面有父母最深沉的爱。父母尽可能将人生经验全部传授给我们，生怕我们走弯路、走错路，所以就不停地叮嘱，不停地重复什么该做，什么不该做。所以，我们要学会理解父母的本意永远是为我们好，所以他们才用唠叨来向你诠释爱的生命真谛，将人生的经验尽可能地教授于你。

总而言之，无论我们如何心烦意乱、如何讨厌唠叨，都不能向父母大发雷霆。唯有心平气和的语言，才能让父母感受到我们的爱，感受到我们的关怀……

第10课

“关爱自然，热心公益”的慈善理念

“一个优秀的年轻人，绝不是单纯地学习好。”北大清华的骄子们如是说。北大学生服务总队、积极投身支教事业，人人争做一名优秀的志愿者……在他们的身上，高尚的道德品格正在闪光。想要成为如北大、清华学子一样优秀的人才，我们就要拥有“关爱自然，热心公益”的慈善理念！

在公益活动中展现爱心

在北京大学，除了那些知名学者，还有一支队伍非常吸引人的注意，那就是——北京大学学生服务总队。2001年，这支队伍正式成立，经过11年的发展，如今这个队伍已经形成22个院系分队和5个特色项目分队，他们开展公益服务、能力建设、温馨家园等诸多项目，活动覆盖北大全体家庭经济困难学生。

为什么北大会出现这样一支公益服务队伍?这一切，都源于北大学生的公益心。2001年，北京大学十几名接受国家助学金资助的学生发起“不吃免费餐”的倡议，成立了学生服务队，在新生入学之际提供接站、校园引导等服务。这正是学生服务总队的前身。

从那个时候开始，北大任何一名经济困难的学生接受资助后，就会加入这个公益团队。北京大学学生资助中心主任杨爱民作为学生服务总队的指导老师，动情地回忆起当时的情况:“总队成立的目的，就是为了做好事。开始几个月，大家在未名湖边捡废纸，帮着清理小广告。”

2003年的非典期间，这支服务总队积极行动，赢得了极高的口碑。那时，有的同学因疑似病症被隔离，因此服务总队果断行动起来，他们在食堂门口，为大家检测体温。而在隔离区，被隔离同学收到总队队员送来的饭菜的同时，还收到了队员亲手为他们折的千纸鹤。千纸鹤的后面，是一个温暖的名字——学生服务总队。

随后的几年，支教、走进打工子弟学校、绿色环保行动……北京大学学生服务总队结合自己的自身优势，将公益活动越做越大。由于学生服务总队是在学生资助中心指导下的学生组织，而后者与中国社工协会、儿童基金会等NGO组织均有良好的合作关系，这使得总队倡导公益理念拥有了天然的平台，得以成为国内高校中最早开始从事公益活动的组织之一。

如今的北京大学学生服务总队，已经有3000多名学生，他们在燕园播撒着公益火种。不少北大同学说起他们，都会竖起大拇指："这就是我们北大的风采！"

身为天之骄子，北大的学子给我们做出了一个全新的榜样：我们不仅要做本领过硬的新一代年轻人，更要做一个充满爱心，热衷公益的年轻人！

什么样的年轻人才是值得称赞的年轻人？毫无疑问，唯有道德高尚的青年，才能成为众人眼中的杰出青年。而参加公益活动，正是体现我们道德风尚的最佳平台。

年轻人的面貌，最能展现一个国家的形象。作为华夏文化的传承人，我们理应用自己的实际行动，展现出五千年文化古国的风采。在公益活动的过程中，我们能够感受到一股暖流在体内流淌，看到社会风气正在一步步地提高。所以，当我们遇到力所能及的公益活动时，就一定要积极参加，即使只是发一份传单，即使只是一个搀扶的举动，也会让我们的爱心传递下去……

每一个年轻人，其实都会遇到这样的机会。当我们在学校里，定期都会有各种公益活动，或是帮助孤寡老人，或是探望遗弃儿童；当我们进入社会后，这样的机会将会更多：报纸上、网络中，总有许多充满爱心的人，会组织团队进行公益活动。身为新时代的青年，我们怎能错过？甚至，我们还可以发起公益活动，就像下面的这位年轻人：

在天津，"滨海爱心社"的名气非常大，每当人们提及它，都会竖起大拇指。然而很少有人知道，这家爱心社的成立者，是一名年纪不大的小伙子——程盛。

2003年，程盛毕业于天津外国语学院。随后，他进入一家进出口公司工作。2006年，他被中海油能源发展配餐服务公司招入旗下。程盛很珍惜这个机会，尽情发挥才干，他一步一个脚印，一年一个台阶地发展着。三年后，他成了研发中心的培训主管。

很少有人知道的是，在此之前，他经常参加各种公益活动。由于他的新单位在天津市新区，这让他去市里的机会大为减小，所以，他萌发了自己成立一个公益组织的想法。

程盛说："2008年，一个偶然的机会我听说塘沽阳光家园智障学校急需帮助，但没有详细地址和电话。我在网上搜索半天，也没有结果。"

凭着仅有的一点地址线索，程盛开始不停地寻找，终于从新河街一位大娘口中得知了具体地址。他急忙赶到那里，看到两层小楼里住着30多个智障患者和自闭症儿童，条件也不好，当时鼻子就酸了。

回到家里的程盛，开始以个人名义在论坛上发帖，招募志愿者到阳光家园去做义工。帖子得到了很好的回应，到8月底共有30多人报名。

9月6日，程盛一行来到阳光家园，给智障儿童带来了水果等食物，陪他们做游戏，孩子们非常开心。这次活动后，程盛便从这30多人中选出了一部分有热情的义工成立了滨海爱心社。

很快三年过去了，如今的滨海爱心社在册人员已达280多人，分成助老、助残、助学、环保等部门，分别组织开展活动。2009年，滨海爱心社获得了"天津市优秀志愿者集体"称号，程盛个人也获得了"天津市优秀志愿者"称号。

更具有戏剧性的是，正是在爱心社的活动过程中，他遇到了现在的妻子。看到小伙子如此具有热心和正义，那个漂亮的女孩毅然放弃了上海的高薪工作，和他在天津打拼，和他一起参加社会公益活动。

"这个爱心社一定会坚持下去的,因为它是一个平台,可以让我、让更多的年轻人加入到公益活动来,为整个社会的进步而努力!"程盛如此说道。

爱心是充满感染力的。当你搀扶起一位老太太时,就会带动身边的人一起这么做;当你在捐款箱前投入10元,就会带动更多的人去积极援助那些需要帮助的人;当你在一场公益活动中用实际行动展现爱心时,爱心就会像电流一般,迅速在整个社会蔓延……

唯有充满爱心,社会才能越来越进步;唯有充满爱心,我们的国家才能更加强盛。所以,所有的年轻人都应该表现出那份浓浓的公益之心,用自己的行动点亮爱心之灯!

支教，人生的伟大选择

带着自己的知识投入公益活动，这是清华大学一直以来的传统。而2002级法学院毕业的罗灿，更在青海省湟中县第一中学展现出了清华人的高尚公益之心。2007年，她在网上的一篇网文感动了数以万计的网友。

在那篇网文中，罗灿如此说道：

2006年8月，我第一次来到了青海，来到湟中一中。我教的是英语，这是一次前所未有的挑战。因为学生们没有接触过英语，所以我们的进展很慢。我想起了我初中英语入门之前的状态，明白努力就可以改变，需要的只是时间。于是，我坚持用英语授课，一遍茫然就重复，再重复，最后才用中文说一遍。这样，既能让学生有意识地培养英语听力，也能避免英语基础太差的同学跟不上教学。

令我感到兴奋的是，一个月后，很多学生已经能够听清我的单词，并可以做出反应了。

然而，第一次月考的成绩很不理想。120分的试卷，班级平均分只有五十来分。很长时间里，我都摆脱不了那种挫败感。

通过一次次和同学们的谈心，我找到了问题的所在——自己不够严厉和没有耐性。于是，我做出了积极的调整，并在第一次全县的统考中，取得了第一名的好成绩。

最让我感动的，是孩子们的坚韧。对于这些山沟里出来的孩子来说，一个学期的住宿费和伙食费用可能是家里无法负担的，于是他们只能每天花两三个小时翻山走小路上学。高原的山，对于我们来说，在高原走平地太快都已经会大口喘气，爬山简直是不可想象的。而路，就是人踩出来的小道，倾斜度很大，只容一个人行走。同时，他们必须早上5点起床，穿着单薄的衣服，忍受最低零下20度的气温，摸黑赶到学校。中午没有时间回家，只能早上带馍馍当饭吃，或者买一包一块钱的方便面干吃。

但是，对未来的迷茫，使他们缺乏学习的动力。所以，他们中的很多对于学校是排斥的。于是，我给全年级各个班轮流做了一个关于“清华精神和理想”的讲座。我给他们看了清华的很多照片，讲大学生活，讲“自强不息，厚德载物”的校训，讲老一辈清华人的理想和实现。

这样的讲座是有效的，每一次孩子们都会积极响应，他们写的日记让我觉得努力没有白费。我想，给他们一个看世界的窗口，就可能给他们的生命点亮一盏希望的灯，而这盏灯，可能照亮他们一生。

这，就是支教的意义所在。

一年的生活很快过去了，我也要离开这里。但不管多少年之后，我都会记得他们背不出单词留在我办公室那种着急的样子，记得我生病后他们把脑袋伸进我的寝室门，眼神里那种怯弱而又急切的光芒，记得上课前那声整齐又洪亮的问候，记得他们从我手中拿过奖品时脸上的满足和骄傲……

相比我们这样的志愿者，那些在这里工作十年、几十年，甚至一辈子的老师们，是我们永远学习的榜样。正是他们，才能让这片土地充满了源源不断的希望和活力。我要向老师们致敬，并祝愿我的学生们能够梦想成真，成为翱翔在高原上的雄鹰！

支教，相信如今的年轻人对这个并不陌生。虽然，我们的祖国发展很快，但某些偏远地区经济依旧落后。那里的孩子没有上学的条件，但他们的眼神里，却流露出了对知识的渴望……

看着孩子们的眼神，我们能做的，就是帮助他们实现读书的梦想。所以如果条件合适，我们就应该义无反顾地走到他们的身边，将我们的知识传授给他们，帮助他们走进大学，然后用知识的力量改造家乡、振兴家乡。

2012年4月10日，这对辽宁鞍山海城接文镇的孩子们来说，简直就是一个节日：这天，前来支教的鞍山师范学院外语系大四学生马海荣开始给孩子们上英语课。

这所英语课停了半年的学校，终于又一次传来了朗朗的英语读书声。

接文镇是一个贫困的小镇，交通不便，近年来新分配到此的老师极少，尤其是英语等科教师更为缺少，村小学的英语课一度中断半年之久。当听到这个消息后，马海荣和四名同学通过学校的组织和推荐，来到这里当起支教老师。

"我也是从农村出来的，知道孩子们对学习的渴望。我现在有知识有能力，所以就应该帮助这些孩子们，实现读书的愿望！"年纪不大的马海荣如此说道，"第一次来到这里的时候，孩子们渴望学习的热情，深深地打动了我，让我想起了自己的小时候。"

如今，马海荣和其他三位支教大学生已经适应了教学工作，赢得了当地学校和家长的认同。一位学生家长说："以前没有英语课，一直担心孩子的升学问题，家里也不是很富裕，不能去城里报学习班，这4位支教大学生真是解了咱们的燃眉之急。"

和孩子们的朝夕相处，让马海荣感到了极其充实。她说："我希望支教结束后可以留下来，我想和孩子们在一起，我想用自己的能力帮助他们，也帮助村子走出困境！"

需要注意的是，想要支教，我们就必须遵循相关的法规法则。支教不是一时冲动，我们切不可因为自己的莽撞行为，反而给当地带来不必要的麻烦。所以，当我们想要进行支教时，就应该遵循以下几条原则：

1. 如果你是应届毕业生，可以参加团中央教育部等四部委联合发起的“大学生志愿服务西部计划”。

2.如果你是应届毕业生，可以参加由本省组织的志愿者支教活动。通常，这些信息都会在本省的团委网站上有说明，我们可以进行查阅。

3.对于应届毕业生，还可以参加本校组织的研究生支教团活动，这需要向所在的院系进行咨询。

4.如果你是一名往届毕业生，那么不妨参加团中央举办的“扶贫接力计划”。这个计划通常服务半年至两年，可以向团中央进行咨询。

当然，即使我们因为各种原因无法支教，也不能忘记爱心的传递。在合适的机会，给那些偏远地区的孩子们寄上几本好书，送去必需的生活物资，甚至在节假日时亲自探望他们，那么我们那份浓浓的情谊，同样可以让孩子们感受到温暖……

慈善不分身份

有人说,清华大学似乎对公益活动非常关注。的确,不仅是那些清华师生,就连清华大学的厨师,也会为公益事业奋斗一生。这个厨师,就是被誉为“清华神厨”的张立勇。

张立勇是一名江西人,出生在一个偏远的小山村。因家境贫困,早早辍学到广州打工。没有文凭、没有技术的他,先后做过建筑工人、送水工、搬运工,也曾在一家外资玩具公司做过产品包装部经理。而在1995年,他因为工作意识到了英语的重要性,于是毅然来到清华大学第15食堂做一名切菜工,借此机会去学习英语。

几年后,勤奋学习的他,获得了让人佩服的成绩:先后参加了大学英语四六级考试和托福考试,都顺利通过,并在托福考试中取得630分的好成绩。一时间,在水木清华论坛上,张立勇的经历成为热点话题,有人把他与《天龙八部》中深藏不露的少林高僧相提并论,许多清华学子称他为“清华英语神厨”。

此时的张立勇颇有名气,他突然想到:“为什么我不能走出去,去做更多的事情,帮助更多的人?清华给予了我太多的帮助,所以我也要用自己的行动回馈社会!”

就这样，张立勇走上了一条无怨无悔的公益之路。2008 年 5 月，他奔赴四川地震灾区参加抗震救灾工作。这段经历让他进一步开始思考：人如果仅仅为自己活着，可能是一件容易的事情，但作为一个有责任的人，更应该为国家、为社会做点事情，在允许的情况下应该带领更多的人一起奋斗。

2009 年起，张立勇开始全职从事公益活动，发起大型公益活动——“中国青少年责任与成长大讲堂”。大讲堂邀请一些在青少年心目中有影响力的人，到贫困地区，到初中、高中、大学演讲，和青少年学生进行零距离接触，在精神层面给予他们最直接的鼓励与支持。目前，他已到各地大、中、小学免费为青年学生做了近 300 场公益演讲，现场听讲者累计超过 50 万人。

虽然，如今的张立勇已经离开了清华大学，但每当说起清华大学他就会感慨道：“是清华大学教会了我做人的原则！我希望所有年轻人都可以热爱公益，为祖国的繁荣添砖加瓦！”

听到慈善这个词，也许很多年轻人都会产生这样一种误区：慈善是那些“大人物”的事情，我们不过是一名学生，怎么可能做慈善？

倘若你这样想，那么只能证明你对慈善的理解出现了偏差。正如“北大神厨”张立勇，他也并不是一名成功的企业家，但他却通过自己的行动，努力实践着慈善之举。

慈善，并非只是捐钱；慈善，并不需要身份！真正的慈善，是一种由心而发的行动，是一种“先天下之忧而忧”的情怀。而我们的身份有多高，捐款有多少，这只是一种实力的象征罢了：条件优越，我们的善款可以多一些；条件有限，我们可以用行动去进行慈善。

“一元钱也是力量！”这句话，相信喜欢上网的年轻人一定不会陌生。所以，我们不要去找“身份”的借口，就忘记了慈善的义务。我们的一元钱不多，可是当我们发动身边所有的人都去捐助一元钱，那么这也许就是 100 万、1000 万……

有的时候，不是我们不能做慈善，而是我们不做慈善的借口太多了。看看郑州大学的学子是怎么做的吧，也许这会对我们很有启发：

“你好，同学，请问你有不需要的废瓶子或是废书、废纸吗？”姜静竹逐一敲开每个宿舍的门，微笑着询问是否有废品。

在郑州大学校园里，有将近300名的同学都与姜静竹一样，平时闲下来就会“拾荒”。他们，就是郑州大学“筑梦基金”的志愿者。这个“拾荒行动”，他们已经坚持了两年多，募集到的21625元钱，帮助了许多人。

“拾荒行动”是郑州大学“筑梦基金”发起的校园微公益活动。志愿者们通过在校园里收集废旧物品后，将废旧物品统一变卖来筹集基金，用来捐助给那些需要帮助的人。

“筑梦基金”的指导老师曹恒涛说：“我们将募集的资金全部用于公益事业，至今已经资助了三名内蒙古贫困高中生、两名我校身患重病的学生，捐资成立了开封筑梦爱心留守儿童辅导站，并且为青海乐都市的贫困家庭和玉树地震灾区筹集了善款。”

郑州大学“筑梦基金”成立于2009年11月3日，是由郑州大学土木工程学院2009级学生自发组织搭建的献爱心平台，由学生自行管理运作，两年来已有效发动了近1500名大学生志愿者进行校园拾荒、校园义卖、爱心支教等微公益活动，共募集资金累计21625元。

“筑梦，就是要营造一种公益理念，培养大学生的一种公益习惯，使他们即使走出了象牙塔，踏入社会也能有终身公益的追求。”曹恒涛老师说，“筑梦基金”今后还将开展校友捐赠等活动，号召更多充满爱心的人，为微公益事业的发展贡献一份力量。

你看，慈善就是这么简单，它讲究的不是多少，而是那颗炽热的心。知名餐饮品牌百胜就曾推动“捐一元”的活动。在活动设计时，每个人的捐赠金额定为一元钱，就是为了让更多的人都来参与，感受帮助别人的快乐。

百胜集团副总裁王群表示，当初在筹划时他也在挣扎，如果金额再加一块钱的话，那实际上捐款可以增加很多。但讨论到后来，越来越清楚这个活动的意义所在。"我觉得让大家都来参与,比捐了500万或者1000万更为重要,关键在于参与。"王群说。

中国有句古话说得好:"莫以善小而不为。"身为学生,或是刚刚走出校门的我们,也许能够进行的慈善只是杯水车薪,但是这却表明了我们的态度:慈善不分身份,慈善人人有责!

我们是不平凡的志愿者

2011年，世界大学生运动会在深圳隆重开幕。在这场全球瞩目的运动会上，我们又一次看到了北京大学志愿者的身影。尽管夏日炎炎、酷暑难当，志愿者们依旧坚守在各自岗位上，用实际行动证明：志愿者服务大运，北大学子在行动。

每一次大型活动，北京大学志愿者都是走在最前端的。从2010年9月开始，北京大学就启动了5次大运会志愿者招募工作，最终选拔出3名颁奖礼仪志愿者，225名赛会通用志愿者和21名深圳外事办大运会实习志愿者。这些志愿者，分别被安排到竞赛组织、信息技术、新闻媒体、场馆礼宾、语言服务、医疗服务、观众服务、交通、餐饮、志愿者管理及场馆运行管理等11个业务口进行服务，高效有序参与大运志愿工作。

就这样，在如火如荼的大运会上，出现了一抹亮丽的北大色彩。那些头戴白色志愿帽、身着绿色服务衫的大运会志愿者在7月的南国燕园随处可见，他们忙碌的身影、灿烂的微笑、亲切的话语、周到的服务，不仅支持着大运工作，更展示北大人不计付出、乐于奉献的优秀品质。

据不完全统计，自从1993年开始，北京大学的志愿者共参加的大型活动多达百起，他们为活动的顺利进行立下了汗马功劳。因此，有人如此这样赞扬北京大学的志愿者：“老北大的精神，在你们的身上得到了传承！”

北京大学志愿者的风采，相信我们一定在电视上看过。而在现实中，我们也许都会看到这样的场景：在十字路口看到过戴着小红帽的小学生；在享受节日喜庆的时候看到过一群年轻人正在维持秩序的身影；你的身边就有从西部支教回来的朋友……这一刻你是否知道，这些都是在我们身边的志愿者？看着他们充满爱心的举动，你是否满怀钦佩？这一刻你又是否问过自己：愿意做一名志愿者吗？

如果我们满怀热情，渴望在社会中贡献出自己的一份力量，那么不妨也去做一名光荣的志愿者！据统计，自1993年年底共青团中央发起实施中国青年志愿者行动以来，截至2007年，我国经过规范注册的志愿者已达2000万人，全国累计已有1.5亿多人次的青年在扶贫开发、社区建设、海外服务、大型赛会、环境保护、应急救援等方面为社会提供了超过55亿小时的志愿服务。

也许这份数据中，正有你的一份功劳；即使没有，现在行动起来也不迟！

在哈尔滨市，有一所学校几乎无人不知——同梦学校。这所学校并非著名大学，他们的学生都是农民工子弟，并且学校不收学费。而这里的老师，也都是清一色的学生志愿者。

这所学校的创始人，其实不是什么大人物，同样是一名大学生。2007年5月，东北林业大学学生周鹏在自己的校园里办了“同梦爱心辅导学校”。目前，全校有93名志愿者，而学生则有53名，学校实行一对一上课模式。

校长周鹏自豪地说：“做这个学校不为别的，就是想给那些渴望读书的农民工子女朋友带来机会。不可否认，我们都是学生，只有在完成自己的学业后才能帮助农民工子女，有时候累得晕头转向。但当我们看到孩子天真和满足的笑容时，我们又感到这一切其实不算什么。”

同梦学校的老师，基本来自东北林业大学附近的一些学校。他们说：“再累我们的梦想也没有变，我们要在同一个蓝天下，给农民工子女带来希望！”

一位散文家写得好："志愿者就是一把泥土，但他们存在的意义，不是被淹没，而是与无数把泥土聚集在一起，成就一座山峰、一条山脉、一片群峰。这样的山峰，可以改变风的走向，可以决定水的流速。这风，就是社会风气；这水，就是文明进程。"这就是志愿者的最佳定义，更是志愿者真实的内心写照。

甚至，那些长期做志愿者的年轻人，还总结出了一份让人惊奇的境界表：

第一层：帮助别人，自己快乐。

这是初为志愿者最深最直接的感受，在帮助别人后，看到别人因而获得快乐而自己因此也变得快乐。

第二层：身为志愿者，心是志愿者。

不论身在何处，不管人到哪里，离开了服务场所也处处流芳，手有余香。为这个社会需要帮助的人们提供帮助，服务社会，这是所有志愿者的心声。

第三层：关爱他人，关爱自己。

志愿者是爱的群体，把这种对服务对象的爱转化为对自己的朋友、爱人、同事、家人的爱和关心，去让这个世界充满温暖。

第四层：发动社会，服务社会。

用我们的影响力，让尽可能多的社会成员都来关心我们的服务对象，进而关心我们这个社会。

第五层：生命不息，奋斗不已。

送人玫瑰，传播文明，生命不止，奋斗不息。春蚕到死丝方尽，蜡炬成灰泪始干，做志愿者，一辈子！

爱心献社会，真情暖人心。让我们高擎起志愿者的旗帜，秉承"奉献、友爱、互助、进步"的优良传统，让社会成为一个温暖的大家庭！所有的年轻人，满载沉甸甸的爱出发吧，做一名真正的志愿者，实现人生的价值，抒写人生的精彩，让爱心在公益中散发光芒，如天幕中的恒星熠熠生辉！

保护生态环境，我们义不容辞

2012年3月22日及23日，清华大学的一场活动，引起了许多媒体的关注。这场活动，就是由清华大学绿色协会主办的"关注母亲河、关注水环境"保护母亲河成果展示，暨"世界水日特别活动"。

这场充满公益气息的活动，在清华大学紫荆学生公寓区楼举行。当时，活动现场展出了五块展板，分别展示了黄河水样分析结果及项目意义展示两个部分。不同的区域有工作人员现场讲解，细心地为每一位关注者介绍此项活动，让他们了解母亲河现在所面临的困境和自己的责任。

而书写心愿环节，更是这次活动的高潮。清华大学的同学们纷纷走上前去，用心地写下了自己对未来母亲河美好的憧憬，描绘着她们美丽的蓝图。

一位现场的学生如此说道："我们身为清华大学的学子，就应该为全国的学生树立起榜样。只有大家共同努力，我们的母亲河，我们的生态自然才能越来越好！"

"我们也都是大学生，但我们知道肩膀上的责任。'保护母亲河行动'是一项引导青少年全方位参与生态环境保护和建设的大型公益事业，以保护哺育中华民族的母亲河为主题。2011年，我们清华大学绿色协会接手此项目，并和清华大学环境学院合作，通过实地考察、问卷调查和水样采集与分析的方式，对祖国各地母亲河进行认真细致的分析讨论，分析出各母亲河水质情况以及污染来源等问题，提出了具有建设性的意见建议。”这场活动的负责人说道，“我们要让清华大学为公益活动努力的大旗飘扬在祖国上空！”

有这样一段文字说得好：“关爱自然就是关爱人类自身，关爱环境就是关爱人类的生存，关爱自然需要大家的参与和奉献，这样才能带来人与自然的和谐共处。关爱自然需要积极投身环保的有识之士，这才是人类最大的幸福。”

很显然，清华大学的学生们做到了，他们又一次成为了所有年轻人的榜样。我们总在说：地球只有一个。那么，我们就应该拿出实际行动，表现出我们对大自然的爱！无论是母亲河黄河，还是一条毫无名气的小溪，我们都要怀着崇敬的心去关爱他们、保护他们。因为，地球就是我们的母亲。尤其是对于那些学习环境学、动物学的年轻人，肩上的责任更是应该义不容辞。就像周世武先生，正是我们学习的榜样：

已经年过八十的周世武先生，一辈子都为了大自然而奋斗。1992年，他在极其艰难的情况下，涉足濒临灭绝的珍稀水生动物的保护，并从事研究工作。随后，他在宜宾市会诗沟建成了集养殖、科研、观赏、旅游、销售为一体的大型渔场，先后创造了“胭脂鱼人工孵化成功”、“中华鲟鱼缸养水花幼苗成功”、“缸体人工繁殖大鲵鱼幼苗成功”和“内塘驯养人工催产孵化繁殖长江鲟成功”四大奇迹。

为保护长江珍稀水产资源，1993年以来，他又多次无偿放归长江的鲟鱼、胭脂鱼达5000多尾，总价值达170多万元。2001年4月的“世界环保日”前夕，他获得国家农业部、中国环保新闻工作者协会、香港地球之友等单位授予的“地球奖”。

老先生尚且为了关爱自然而继续努力，我们年轻人就更应当如此！

也许你会说：我并不是自然专家，这又何谈保护？的确，我们不能从专业的角度来关爱自然，但是，我们最起码可以做到不破坏大自然。

1.节约用电，随手关灯

众所周知，目前我国发电依旧以煤为主，而煤是大自然的产物，过度开采不仅不利于国家发展，更会导致对大自然的破坏。所以，养成节约用电、随手关灯的习惯，这就是对大自然的保护。

2.绿色出行

出去游玩时，我们尽可能采用绿色的方式，例如骑车、步行等。我们都知道，汽车会产生大量的有毒气体，这对地球的生态平衡并不好。所以，绿色出行是保护环境的最佳手段，我们不妨积极采用。

3.节约用水，关紧水龙头

水，是地球最宝贵的资源。没有水，不要说人类，地球上的绝大多数生物都无法生存。而对于很多城市来说，目前水资源都较为紧缺，这更应当引起我们的注意。我们必须学会节约用水，关紧水龙头，诸如洗一条毛巾要用去数盆水的习惯，一定要避免。甚至我们还要做到水的循环利用，这样才能保证水资源不被浪费。

4.郊游外出不要乱扔垃圾

很多人都有这样一种陋习：在旅游的途中，随手就会把垃圾扔掉。看似细小的行为，却会让大自然遭殃：我们的很多垃圾是大自然无法分解的，有些甚至会产生毒素，给大自然带来不好的影响。所以，垃圾分类、垃圾进箱，这是每个人义不容辞的责任。

5.每年植树一次

每年的3月12日是植树节，这一天我们不妨种一棵小树，以此保证“绿色在身边”。一个人带来一棵绿色，十个人就能带来一片绿色，无数人就能创造一片森林。树是人类乃至其他动物赖以生存的“氧气加工厂”，破坏它们，就是破坏我们的生存环境！

总而言之，关爱自然是一个充满细节的行为，例如一张纸的重复利用，都可以达到这个目的。所以，我们一定要注重生活的点滴，不浪费、不破坏，这样我们的大自然才能欣欣向荣，人类生存的环境才能越来越好！

动物,我们永远的朋友

在北京大学,有一位老教授深受学生的爱戴,他就是潘文石。与其他教授研究的领域不同,潘教授主要进行动物保护研究。正是在潘教授的引领下,“关爱自然,关爱动物”的风潮,也在校园内越来越高。

1980年起,潘文石开始进行大熊猫的保护研究。他在卧龙和秦岭的野地进行了长达17年的研究,深入了解野生大熊猫的生存方式及生存压力,弄清了大熊猫濒临灭绝的真正原因,为国宝大熊猫保存了一片自由安宁的栖息地。

关于大熊猫的研究,潘文石教授可谓全球首屈一指:第一次发现了野生大熊猫的社会结构和行为方式、婚配方式;第一次发现了大熊猫的DNA多样性还没有下降到近亲繁殖的程度。然而,他的这些发现并不是体现在论文上,这让很多人感到不解。

对此,潘文石教授说:“保护动物必须亲力亲为,如果发表论文能保护野生动物,那么大家光发表论文就行了。”

当大熊猫的保护问题得到基本稳定后,潘文石先生又将目光转向了灵长类濒危动物白头叶猴。他和他的团队以“科学家—民间企业—政府”三结合的方式,积极倡议,并身体力行,在研究、保护白头叶猴的同时,着力解决当地百姓的能源、饮水、教育、医疗等问题,努力探索一条兼顾珍稀物种、生物多样性保护和当地人民的生存发展的有效途径。

在广西崇左，潘文石建立了北京大学崇左生物多样性研究基地。在他的努力下，当地的喀斯特地貌和世界上独一无二的白头叶猴两大资源，正逐步发展成为一种全新的环境旅游产业。

正是这份关爱动物的爱心，让潘文石教授得到了广泛的赞誉。2010年，潘文石获得由凤凰卫视等海内外十余家知名华语媒体机构推选的"影响世界华人大奖"，以表彰他在野生动物研究、保护与生态文明建设方面所作出的积极努力与突出贡献。而广大的北大师生更是在潘文石教授的号召下，成立了多个动物保护小组，为那些动物奉献着自己的一片爱心。

动物，是地球的重要组成部分；动物，是我们人类的好朋友。倘若世界没有动物，那么大自然的循环系统就会被破坏；倘若没有动物，那么人类就是地球上最孤单的生物。所以说，爱护动物，就是爱护我们人类赖以生存的家园。

也许你会说，潘文石教授的确伟大，但我们并非动物学家，该如何去保护动物？其实，保护动物不在于你保护的动物是否珍贵，而在于你是否有一颗爱心。没有爱心，即使遇到一只受伤的大熊猫，我们也会无动于衷；有了爱心，看到一只受伤的小狗，我们也会蹲下来抚摸它。

所以说，爱护动物，是你的道德品质的体现。的确，救助大熊猫这样的事情离我们太过遥远，但只要想一想，其实我们的身边还有很多需要我们保护的小动物：流浪猫、受伤的小鸟、被人类捕获正待屠杀的穿山甲……

面对这些受伤害的动物，我们要拿出年轻人应有的爱心，让动物同样感受到温暖！

小马是一名哈工大的大四学生。偶然的一次机遇，他救助了一只伤鹰，每日悉心照顾直到康复后放飞蓝天。这件事，在哈工大成为了师生谈论的焦点。

2010年1月，小马正在学校附近散步，发现树林里有一只大鸟无力地低飞，突然掉在地上不动了，他心想："若留它在原地一定会被冻死！"

于是，小马急忙将这只受伤的大鸟抱回了寝室。这只鸟有弯钩的嘴，灰褐色的羽毛，展开翅膀有1米长。小马找出电脑包装箱把它放进去，在纸盒上打了通气孔，放在暖气旁给它取暖。后来，他还做了个牛皮脚绊用来拴它，套上牛皮手套给它喂食，还把旧拖把改成栖木让它休息。

随后，小马开始上网查阅资料。这时他才发现，这不是普通的鸟，可能是鹞鹰。

从小热爱动物的小马，在讲到鸟的习性时如数家珍。比如食性，他每天买来精细牛肉，小家伙一天吃3次、一次2两，喂食时要用水泡了的肉来喂。吃饱后有精力了它就叫，像放机枪似的很尖。它一住就是10余天，和人“混熟”后不再客气，在寝室里到处飞，小马将这一切点滴都用手机拍照记下。

当它完全康复后，小马和同学来到树林，恋恋不舍地将它放飞了。虽然和它已经有了感情，但小马说，每一个公民都有义务保护野生动物。

最让小马感到兴奋的，是这只大鸟的珍贵。据野生动物保护研究所专家介绍，小马救助的这只鹰学名叫隼，俗称鹞鹰、雀鹰，属国家二级保护动物，是一种生活在我国南方地区以捕食昆虫、鼠类为生的小型猛禽。鹞鹰能够出现在哈尔滨，这就是一个奇迹。能够救助这样一只保护生物，小马的内心无比骄傲！

当然，救助小动物也是需要讲究方式方法的。方法不对，我们不仅会伤害了小动物，还会给自己带来很多麻烦。所以，在救助动物的时候，我们应当遵循以下这几个原则：

1.合理地安置

通常来说，在救治动物之前，我们应当准备好笼子或者航空箱。用手直接把流浪动物抱走，这不是明智的选择。因为，你不能确定流浪动物是否有何种疾病，轻率地抱起，有可能导致疾病的感染。

2.有效隔离

在尚未确定救助的动物是否有疾病之前，我们应当对其进行有效隔离。

我们可以暂时将其装在笼子里或纸箱里,这样也方便观察它的吃、喝、便的情况,以便去医院时与大夫沟通。

3.进行检查

如果救助人有能力的话，建议立刻着动物带去相关的医院做身体检查。在医院里,你可以向医生汇报你对这只流浪动物的观察结果。比如它的精神状态是否良好;吃粮食和喝水的状况是否正常,排便的情况是否正常等。

即使我们因为各种原因做不到以上几点,那么也不要轻易地伤害它们。我们可以联系当地的新闻媒体或动物保护机构,请他们来处理相关的事情。总之,只要我们可以奉献出自己的爱,那么这个地球一定会越来越美好!